广东省科技基础条件资源统计分析与开放共享研究

陈树敏 方少亮 杨丽 李莎 罗亮 郑兵 著

·广州·

图书在版编目（CIP）数据

广东省科技基础条件资源统计分析与开放共享研究 / 陈树敏等著. -- 广州：华南理工大学出版社，2024.5. -- ISBN 978-7-5623-7553-1

Ⅰ．G322.765

中国国家版本馆CIP数据核字第2024S8Q349号

Guangdongsheng Keji Jichu Tiaojian Ziyuan Tongji Fenxi Yu Kaifang Gongxiang Yanjiu

广东省科技基础条件资源统计分析与开放共享研究

陈树敏　方少亮　杨丽　李莎　罗亮　郑兵　著

出 版 人：柯 宁

出版发行：华南理工大学出版社
（广州五山华南理工大学17号楼，邮编510640）
http://hg.cb.scut.edu.cn　E-mail: scutc13@scut.edu.cn
营销部电话：020-87113487　87111048（传真）

责任编辑：张 楚

责任校对：盛美珍

印 刷 者：广州小明数码印刷有限公司

开　　本：787mm×960mm　1/16　印张：10.25　字数：166千

版　　次：2024年5月第1版

印　　次：2024年5月第1次印刷

定　　价：58.00元

版权所有　盗版必究　印装差错　负责调换

序

大型科研仪器、重大科技基础设施、科学数据、生物种质等科技资源是开展科学研究、支撑科技创新的重要物质基础。近年来我国科技经费投入不断增加,中央财政通过设立专项经费支持中央级科学事业单位的科研条件改造;国家自然科学基金委员会通过设立国家重大科研仪器研制项目,资助对促进科学发展、探索自然规律和开拓研究领域具有重要作用的原创性科研仪器与核心部件的研制,使得国产大型科研仪器设备占全国仪器总量的比重整体呈上升趋势。同时,我国在实施国家创新驱动发展战略中持续强化重大科技基础设施布局,这些设施在范围、数量和质量上实现了新的跃升,部分仪器已经迈入全球第一方阵,对于增强国家原始创新能力、实现重点领域跨越、保障科技长远发展、实现从科技大国迈向科技强国的目标具有重要意义。

然而,我国科技基础条件资源仍较薄弱。习近平总书记指出:"要从健全国家创新体系、提高全社会创新能力的高度,通过深化改革和制度创新,把公共财政投资形成的国家重大科研基础设施和大型科研仪器向社会开放,让它们更好为科技创新服务、为社会服务"。盘活有限的科技资源,通过调剂共享切实提高现有资产使用效益,是贯彻落实国家"推动资源全面节约和循环利用"的重要举措,是解决科技资源配置不平衡不充分问题的重要抓手。为推进科技资源共享,《国务院关于国家重大科研基础设施和大型科研仪器向社会开放的意见》(国发〔2014〕70号)、《国务院办公厅关于加强农业种质资源保护与利用的意见》(国办发〔2019〕56号)、《科学数据管理办法》等文件和规范陆续出台。我国还搭建了中国科技资源共享网、野外科学观测研究站、科学数据中心等平台,不断提升科技资源利用率。

广东省作为经济大省、制造业大省,拥有丰富的科技创新资源和雄厚的科技创新实力,但依然存在"科技资源分布不平衡,供需信息不对称"的现象。以大型科研仪器为例,从供方角度看,这些仪器主要集中在广州市和深圳市的高等学校和科研院所；从需方角度看，作为广东经济发展和创新创业主力军的中小微企业，对高端仪器的需求不断增加，却买不起测试分析仪器、负担不起仪器场地租赁费、雇不起实验技术人员。为此，广东省委、省政府极为重视科研设施与仪器等科技资源的开放共享工作。自2015年成为全国首批科研设施与仪器开放共享试点省以来，广东省通过建立制度体系、优化项目流程、开展设备租赁试点服务园区和企业，促进科技资源高效利用。同时，广东省不断加强科技资源共享网建设，促进大型科研仪器设施、生物种质资源、科学数据等科技资源开放共享。

作为广东省重要的科技创新平台，省实验室近年来集聚优势科技资源、探索体制机制创新、产出重大科研成果，推动了广东战略科技力量建设走在全国前列。广东省委、省政府大力支持省实验室建设，特别是在人才引进、设备购置等方面投入甚巨。截至2023年6月，省实验室科研设备总原值超过108.32亿元。为响应国家和广东省加强科技创新体系建设的号召，提高广东省科技资源共享的程度和科技服务能力，落实党中央、国务院关于厉行节约反对浪费、政府带头过"紧日子"的有关要求，各省实验室纷纷向社会开展科技资源共享服务。其中南方海洋科学与工程广东省实验室（珠海）以"国际一流、国内领先"为标准，布局建设八大公共平台，现有设备总值超14亿元，其中原值为30万元以上的大型贵重精密仪器有600多台（套）；拥有一支由高素质专业技术人员组成的团队，向社会提供检验检测、设备共享、测试加工、科学调查、技术咨询、数据采集处理等服务。

我欣喜地看到，《广东省科技基础条件资源统计分析与开放共享研究》一书，不仅阐明了科技基础条件建设与资源共享的重要性和必要性，而且基于大量扎实的调查工作，对广东省科技资源建设现状和共享情况进行了全面的数据分析，并进行了区域间的比较和定位分析。此书多用图表反映科技资源的特点，对广大科技工作者和管理者而言，是一本直观易懂、值得一读的参考书。

中国科学院院士
2024年6月16日

前言

习近平总书记在党的二十大报告中提出，必须坚持科技是第一生产力、人才是第一资源、创新是第一动力，深入实施科教兴国战略、人才强国战略、创新驱动发展战略，开辟发展新领域新赛道，不断塑造发展新动能新优势。科技基础条件资源是支撑科技进步和科技创新的重要物质和信息基础，是提升国家科技竞争力的关键因素之一，它包括科研设施与仪器、科学数据与信息、生物种质与实验材料等。近年来，广东省不断加大对科技基础条件资源的投入，以大型科研仪器为代表的科技基础条件资源建设规模与质量有了显著提升，为粤港澳大湾区国际科技创新中心建设提供了重要的物质基础。

2008年，科学技术部、财政部正式启动科技基础条件资源调查工作（以下简称"科技资源调查工作"），迄今已有15个年头。科技资源调查工作的初衷是全面摸清科技资源"家底"，形成权威、系统的科学数据、调查报告、科技资料等基础性成果，为建立科技资源动态管理信息系统、提高科技资源财政投入预算管理水平提供可靠的数据基础，对提高政府决策的科学性、促进科技资源的高效利用和合理配置具有重要意义。广东省自2009年开始基于国家科技基础条件资源调查系统开展年度广东省科技基础条件资源调查工作，获取与广东省生物种质和实验材料、大型科研仪器等相关的科技基础条件资源数据和仪器的年度运行数据。

2021年，为贯彻落实《国务院关于国家重大科研基础设施和大型科研仪器向社会开放的意见》和《国家科技资源共享服务平台管理办法》中的有关规定，持续摸清我国科技基础条件资源家底，加强跨部门数据共享，强化科研仪器等科技基础条件资源管理与资产管理的工作协同，科学技术部、财政部通过重大科研基础设施和大型科研仪器国家网络管理平台资源调查系统，开展2021年度国家科技基础条件资源调查（以下简称"资源调查"）工作。调查对象主要包括高等学校、科研院所、企业。调查内容主要包括法人单位资源概况、单台（套）原值在50万元及以上的大型科研仪器的存量及运行服务情况、生物种质与实验材料资源库（馆、园、圃、场）建设运行情况。资源调查数据标准时点是2020年12月31日，相关资料来源于2019年度和2020年度。国家科技基础条件平台中心承担资源调查的组织工作，国务院各有关部门、各地方科技厅（委、局）会同财政厅（局）负责所属法人单位科技资源调查的组织协调、审核汇总和报送工作。广东省科学技术厅、财政厅于2021年6月联合组织开展2021年度广东省所属单位（除深圳市所属单位）科技基础条件资源调查工作。国家科技基础条件平台中心对各部门和各地方汇交的科技基础条件资源数据进行整理，于2022年4月将以下广东省科技基础条件资源数据三个组成部分返回至广东省科学技术厅：由广东省科学技术厅、财政厅组织的广东省所属单位（深圳市所属单位除外）的科技基础条件资源调查的数据，由深圳市科创委组织的深圳市所属单位的科技基础条件资源调查的数据，由国务院有关部门组织的中央在粤单位的科技基础条件资源调查的数据。

  为解决往年广东省科技基础条件资源调查数据分析中出现的问题，即"由于所获取科技基础条件资源数据范围仅为广东省，在孤立的省内数据面前，无法从全国或区域角度对广东省科技基础条件资源数据进行全面分析，无法准确反映广东省科技基础条件资源建设特点及在区域科技创新中的地位和作用，无法发现广东省科技资源建设存在的差距与不足，难以找准科技资源未来建设与发展方向"，广东省科技基础条件平台中心于2020年联合北京市科学技术研究院创新发展战略研究所共同承担广东省软科学研究项目"广东省科技基础条件资源调查统计及重要指标研究"。广东省科技基础条件平台中心负责主持项目实施工作，开展广东省科技基础条件资源调查统计分析及报告撰写等工作。北京市科学技术研究院创新发展战略研究所负责广东省在国家及区域科技基础条件资源建设中的定位研究。

本书系统阐述了科技基础条件资源建设与共享的理论基础，梳理了国内外科技基础条件资源建设和共享的现状，全面分析了广东省在科技基础条件资源建设与开放共享等方面的优势与不足。本书数据翔实、案例丰富，对于完善广东省科技基础条件资源建设、优化科技基础条件资源配置、加强科技创新支撑能力、促进科技资源的高效利用和合理配置、引导和促进全社会科技资源开放共享等具有重要意义。本书除对广东省大型科研仪器等科技资源进行分析外，还展示了其他省、市以及重点区域的科技资源情况。

我们希望通过本书，使读者了解广东省科技基础条件资源的建设和共享现状，为广大科技工作者、科技管理决策者提供启发和帮助，并引起社会各界对科技基础条件资源建设与共享的关注，进一步营造加强科技基础条件资源建设、推动资源开放共享的氛围。

本书受到了广东省软科学研究项目"广东省科技基础条件资源调查统计及重要指标研究"（项目编号：2020A1010020018）、"大型科研仪器设施共享平台"（项目编号：2021B1212080001）与广东省基础与应用基础研究基金项目"面向佛山市产业创新需求的省市联动大型科研仪器开放共享体系生态研究"（项目编号：2022A1515140020）的资助。在本书编写过程中，编写人员得到了国家科技基础条件平台中心、广东省科学技术厅实验室与平台基地处等有关部门的指导与支持，得到了广东省科技基础条件平台中心、广东省科技基础条件平台中心建设促进会同事的帮助，在此表示衷心感谢。

著 者

2023 年 12 月

目 录

第一章
科技基础条件资源建设与共享理论基础 \ 1

1.1 科技基础条件资源的理解与认识 …………………………………… 2
   1.1.1 科技基础条件资源的概念 ………………………………… 2
   1.1.2 科技基础条件资源建设的意义与作用 …………………… 5
   1.1.3 我国科技基础条件资源建设历程 ………………………… 7
1.2 科技基础条件资源共享的理解与认识 ……………………………… 13
   1.2.1 科技基础条件资源共享的概念 …………………………… 13
   1.2.2 科技基础条件资源的共享形式 …………………………… 15
   1.2.3 科技基础条件资源的共享机制 …………………………… 17

第二章
国内外科技基础条件资源建设与共享情况 \ 21

2.1 大科学装置 …………………………………………………………… 22
   2.1.1 国外大科学装置发展现状 ………………………………… 23
   2.1.2 国内大科学装置发展现状 ………………………………… 24
2.2 生物种质与实验材料 ………………………………………………… 27
   2.2.1 国外生物种质与实验材料发展现状 ……………………… 27
   2.2.2 国内生物种质与实验材料发展现状 ……………………… 31
2.3 科学数据中心 ………………………………………………………… 34
   2.3.1 国外科学数据中心发展现状 ……………………………… 34
   2.3.2 国内科学数据中心发展现状 ……………………………… 36

2.4 科技资源共享网络 ·· 39
　　2.4.1 国外科技资源共享网络发展现状 ····································· 39
　　2.4.2 国内科技资源共享网络发展现状 ····································· 41

第三章
广东省科技基础条件资源建设现状与共享指数分析 \ 43

3.1 大型科研仪器概况 ··· 44
　　3.1.1 大型科研仪器管理单位情况 ·· 44
　　3.1.2 大型科研仪器按原值区间分布的情况 ······························· 45
　　3.1.3 大型科研仪器按类型分布的情况 ····································· 47
　　3.1.4 大型科研仪器按区域分布的情况 ····································· 52
　　3.1.5 大型科研仪器取得方式 ··· 55
　　3.1.6 大型科研仪器利用情况 ··· 56
　　3.1.7 大型科研仪器共享情况 ··· 58
　　3.1.8 支持建设的主要做法 ··· 61
3.2 生物种质与实验材料保藏机构概况 ······································ 64
　　3.2.1 生物种质与实验材料种类和数量 ····································· 64
　　3.2.2 保藏机构资源分布情况 ··· 66
　　3.2.3 保藏机构规模 ·· 68
　　3.2.4 保藏机构信息化建设情况 ·· 69
　　3.2.5 保藏机构资源新增情况 ··· 70
　　3.2.6 保藏机构资源共享情况 ··· 72

  3.2.7 保藏机构科技活动人员情况 ························ 73
  3.2.8 支持建设的主要做法 ································ 76
 3.3 广东省实验室大型科研仪器情况 ···························· 79
  3.3.1 省实验室基本情况 ··································· 79
  3.3.2 省实验室大型科研仪器总体规模 ················ 82
  3.3.3 省实验室大型科研仪器新增情况 ················ 82
  3.3.4 省实验室仪器利用情况 ····························· 83
  3.3.5 省实验室实验技术人员情况 ······················ 83
  3.3.6 支持建设的主要做法 ································ 84
 3.4 其他科技基础条件资源建设情况 ···························· 86
  3.4.1 大科学装置情况 ······································ 86
  3.4.2 科学数据中心情况 ··································· 94
  3.4.3 野外科学观测研究站情况 ························ 104
  3.4.4 支持建设的主要做法 ······························ 108

第四章
广东省科技资源建设与共享情况的定位分析 \ 111

 4.1 参与调查的法人单位总体分布 ······························ 112
 4.2 大型科研仪器情况 ·· 114
  4.2.1 大型科研仪器总体规模 ··························· 114
  4.2.2 大型科研仪器按隶属关系分布的情况 ········· 115
  4.2.3 大型科研仪器按单位属性分布的情况 ········· 116

4.2.4 大型科研仪器按原值区间分布的情况 …………………… 117
4.2.5 大型科研仪器按类型分布的情况 …………………… 118
4.2.6 大型科研仪器利用与共享情况 …………………… 120

第五章
区域科技基础条件资源建设与共享情况 \ 123

5.1 区域科技资源发展现状 …………………… 124
 5.1.1 法人单位区域分布情况 …………………… 124
 5.1.2 大型科研仪器区域分布情况 …………………… 125
5.2 区域科技资源发展特点 …………………… 131
 5.2.1 京津冀区域：具有单极发展模式的特征 …………………… 131
 5.2.2 长三角区域：区域内各省市均衡发展 …………………… 134
 5.2.3 粤港澳区域：具备多点外联的巨大潜力 …………………… 137
 5.2.4 成渝地区：形成西部区域资源建设新的增长极 …………………… 141

第六章
广东省科技基础条件资源发展存在的问题与对策建议 \ 145

第一章

科技基础条件资源建设与共享理论基础

1.1 科技基础条件资源的理解与认识

1.1.1 科技基础条件资源的概念

科技资源是从事科技活动所需要资源的总称，是促进科技进步与创新的基础。广义的科技资源是科技人力资源、科技财力资源、科技物力资源、科技组织资源及科技信息资源等这些要素的总和，是由科技资源各要素及次一级要素相互作用而构成的系统[1]。狭义的科技资源主要指从事科研活动所需的物质与信息，即科技基础条件资源。目前，学术界对于科技基础条件资源的内涵还没有达成共识，但是许多专家学者对科技基础条件资源的概念进行了界定[2]。赫运涛认为，科技基础条件资源涵盖科技物力和信息资源，主要包括重大科研基础设施和大型科研仪器、科学数据、生物种质和实验材料三大类型[3]；许东惠等认为，经过几十年的发展，我国已经形成了包括重大科研基础设施、大型科研仪器、研究实验基地、生物种质资源与实验材料、科学数据、科技文献等在内的庞大的科技资源及其保藏体系[4]；李美楠则将科技基础条件资源定义为物化的科技投入，广义来讲就是指对科技发展起基础战略支撑作用的要素，包括科技研究实验基地、科学数据、大型科学仪器设备、科技文献、生物种质资源

---

[1] 周寄中.科技资源论[M].西安：陕西人民教育出版社，1999.
[2] 伊娜.吉林省科技基础资源评价研究[D].吉林大学，2013.
[3] 赫运涛.我国科技基础条件资源发展指数的构建和比较分析[J].中国科技资源导刊，2016，48（6）：1-9.
[4] 许东惠，李加洪，赫运涛，等.我国科技基础条件资源调查工作的发展与思考[J].中国科技资源导刊，2018，50（1）：1-6.

等基础性科技资源[①]。

科技基础条件资源的分类有不同的维度,本书根据《国家科技基础条件资源发展报告(2016)》[②]的有关描述,将科技基础条件资源定义为科技物力资源和科技信息资源等的统称,是支撑科技进步和创新的重要物质基础,其规模、质量和利用效率直接关系到国家科技创新实力和竞争力,主要包括科研设施与仪器、科学数据与信息、生物种质与实验材料等。

1. 科研设施与仪器

国家重大科研基础设施和大型科研仪器(以下简称"科研设施与仪器")是科技资源的核心要素,是开展科学研究、实现知识创新和技术创新的重要物质基础,为我国科学前沿探索、战略性高新技术突破和推动经济社会发展提供了重要支撑,其建设水平直接反映了一个国家科学技术和工业发展水平[③]。

根据《国务院关于国家重大科研基础设施和大型科研仪器向社会开放的意见》(国发〔2014〕70号)的文件适用范围,科研设施与仪器包括大型科学装置、科学仪器中心、科学仪器服务单元和单台(套)价值在50万元及以上的科学仪器设备等,主要分布在高校、科研院所和部分企业的各类重点实验室、工程(技术)研究中心、分析测试中心、野外科学观测研究站及大型科学设施中心等研究实验基地。根据《科技平台 大型科学仪器设备分类与代码》(GB/T 32847—2016),大型科学仪器设备可以分为分析仪器、物理性能测试仪器、计量仪器、电子测量仪器、海洋仪器、地球探测仪器、大气探测仪器、特种检测仪器、激光器、工艺实验设备、计算机及其配套设备、天文仪器、医学诊断仪器、核仪器、其他仪器等15类。

---

① 李美楠.科技基础条件资源配置效率评价及共享模型研究[D].北京交通大学,2017.
② 国家科技基础条件平台中心.国家科技基础条件资源发展报告(2016)[M].北京:科学技术文献出版社,2017.
③ 罗亮,方少亮,陈树敏.广东省科研设施与仪器开放共享机制研究[M].广州:华南理工大学出版社,2017.

2. 科学数据与信息

科学数据与信息是在人类进行社会科技活动的过程中所产生的基本科学技术数据、资料，以及面向不同需求加工整理形成的不同种的科学数据产品和以不同媒介为载体的科技图书以及期刊、报告、论文、专利等科技文献[①]。

科学数据是信息时代传播速度最快、影响面最广、开发利用潜力最大的科技资源，是通过科技活动积累或通过其他方式获取的反映客观事物本质、特征、变化规律等的原始性、基础性数据，以及根据不同科技活动需要经过系统加工整理的各类数据的集合[②]。其表现形式多样，既有科技活动产生的基础科学和技术数据、资料，也有针对特定需求加工整理后的各类科学数据产品，以及在科技图书、期刊、报告、论文、专利等不同载体上的科技文献。

科学数据按产生的渠道不同，主要分为业务数据和研究数据两大类。业务数据是行业部门按照统一的规范标准进行长期采集和管理所获得的用于科学研究的数据。研究数据是在各类科技计划项目研究过程中产生的，以及为支持科学研究而基于观测、监测、试验等站点采集的科学数据。

3. 生物种质与实验材料

生物种质大多为自然界本身就存在的物质。科研人员通过采集或者加工等方式形成的生物种质资源和实验材料，是科技创新活动的重要研究对象和条件。

生物种质资源又称遗传资源或基因资源，是指携带生物遗传信息的载体，且具有实际或潜在利用价值[③]。生物种质资源主要分为陆生与水生两大体系，其中具有活力和再生能力的主要包括植物种质资源、动物种质资源和微生物菌种资源三类，每类资源又可以细分为不同的小类[④]。植物种质资源主要包括农

---

① 徐建武，张秀梅，程煜华.我国科技信息资源消费行为研究[J].数字图书馆论坛，2014,(12): 36-39.
② 苏靖，石蕾，王正，等.推进科学数据与信息资源管理共享的思路与对策[J].中国科技资源导刊，2015(5): 45-49.
③ 刘旭.作物种质资源研究回顾与发展趋势[J].农学学报，2018, 8(1): 10-15.
④ 刘旭.中国生物种质资源科学报告[M].北京：科学出版社，2015.

作物、林木、药用植物、野生植物等；动物种质资源主要包括畜禽、特种经济动物、水生动物、经济昆虫、寄生虫等；而微生物菌种资源主要包括古菌、细菌、真菌、原生动物、微藻类等[①]。

实验材料是开展科研活动所需要物质材料的总称，是科学研究和分析测试必备的物质条件，也是新技术发展不可或缺的功能材料和基础材料，主要包括科研试剂、实验动物资源、实验细胞资源、岩矿化石标本资源、生物标本资源和标准物质资源等。实验材料与诸多领域的科学研究有着密切联系，如实验动物资源是医学、生命科学等领域科学研究的基础；科研试剂被喻为"科学的眼睛"和"质量的标尺"，是科技研发的重要支撑条件，而新型科研试剂可能推动科学方法、技术原理的变革；新的生物种质资源、化石标本资源等的采集、分离和鉴定，可能改变人们对世界的认知。

1.1.2 科技基础条件资源建设的意义与作用

科技基础条件资源是国家创新体系的重要组成要素，是提升国家科技创新能力、建设创新型国家的根本保障。当前，加强原创性技术突破和基础研究成为"十四五"期间科学和技术创新发展的重要任务。我国在实施创新驱动发展战略中持续强化对重大科技基础设施的布局，特别是在面向世界科技前沿、面向经济主战场、面向国家重大需求、面向人民生命健康的重点领域方向。经过统筹规划，我国已形成了"3+4"区域创新结构，即以上海、北京、粤港澳大湾区为主体的3个国际科技创新中心，以及张江、合肥、北京、深圳4个综合性国家科学中心。科研基础条件资源建设正逐步加强，其社会影响力也在不断扩大，这对于支撑我国成为全球科技强国、推动高质量发展具有极其重要的意义。

---

① 国家科技基础条件平台中心.2021年度国家科技基础条件资源调查工作手册[Z].2021.

1. 加强科技基础条件资源建设是落实创新驱动发展战略的基本要求

党的十八大明确提出实施创新驱动发展战略。而实施创新驱动发展战略就是要推动以科技创新为核心的全面创新。2016年5月30日，习近平总书记在全国科技创新大会、两院院士大会、中国科协第九次全国代表大会上提出，要完善符合科技创新规律的资源配置方式，解决简单套用行政预算和财务管理方法管理科技资源等问题，优化基础研究、战略高技术研究、社会公益类研究的支持方式，力求科技创新活动效率最大化。科技创新活力与经济增长的质量与速度密切相关。科技资源高效配置及利用对提升创新能力具有决定性影响，进一步塑造经济发展的形态。因此，集聚一定规模的优质科技基础条件资源，并通过高效科学的管理，实现资源、科技人才及资金之间的合理分配，是贯彻实施创新驱动发展战略的核心要素，也是实现经济社会高质量发展的根本所在。

2. 加强科技基础条件资源建设是提升自主创新能力的战略举措

科技基础条件资源不仅是科技进步和创新的物质基础，也是科研活动中的关键"生产工具"，尤其是科研仪器，它们被誉为科学家的"眼睛"。通过先进的科研设施和仪器开展实验，是推动科学研究向前发展的关键途径。在中国科学院第二十次院士大会、中国工程院第十五次院士大会及中国科协第十次全国代表大会上，习近平总书记强调了从国家紧迫和长期需求出发，重点在石油天然气、基础原材料、高端芯片、工业软件、农作物种子、科学实验用仪器设备、化学制剂等关键技术领域实现重大突破，并加快在药物、医疗器械、医疗设备、疫苗等领域的核心技术进展。目前，受到关键科研领域仪器设备水平的限制，部分科研仪器的国内市场份额接近零，这已经成为我国科技自主创新能力提升的一大障碍。因此，持续强化科技基础条件资源建设，积极推动高端科研仪器的研制，增强科技创新的支撑和保障能力，成为汇聚国内外科技资源、提高我国自主创新能力的战略性措施。

3. 加强科技基础条件资源建设是深化科技体制改革的重要抓手

党中央、国务院在科学分析我国科技和经济社会发展面临的新形势和新要求的基础上，围绕深化科技体制改革、加快科技发展，作出了一系列重大战略决策。中共中央、国务院印发了《关于深化科技体制改革 加快国家创新体系建设的意见》，提出要转变政府科技管理职能。政府的职能转变主要体现在由研发管理向提供创新服务的转变，并加强对社会管理与公共服务的职责。随着科技体制改革的不断深入，科研设施与仪器、科学数据与信息、生物种质与实验材料等科技基础条件资源因其显著的基础性和公共性，正逐渐成为政府科技管理的关键领域。这些资源的规模、质量与使用效率，将成为评估政府科技创新活动成效的核心标准。因此，在深化科技体制改革和增强政府在科技公共服务方面的功能中，加强对科技基础条件资源的管理显得尤为关键。

1.1.3 我国科技基础条件资源建设历程

新中国成立以来，我国的科技基础条件资源建设发展经历了三个主要阶段。新中国成立到改革开放之前，我国逐步开展科技基础条件资源建设工作，为我国科技事业发展奠定了基础。从改革开放开始至党的十八大之前，我国在科技基础条件资源建设方面实现了进一步的发展，同时开始实施科技资源共享。党的十八大以后，我国在科技基础条件资源的管理与共享方面迈入改革攻坚和创新发展的新时期，为建设科技强国提供了坚实支撑[①]。

1. 第一阶段：奠定基础，吹响科技基础条件资源建设的号角

新中国成立初期，经济社会百废待兴，科技基础条件十分薄弱。尽管如此，中央人民政府对科学技术事业仍予以高度重视。1949年中国科学院成立，随后全国多个地区和部门纷纷启动建设一系列科学研究机构。1956年，我国

---

① 本报评论员.推进新时代科技资源开放共享[N].科技日报,2018-12-12(001).

在科技领域迈出重要步伐,首次召开了全国科学技术大会,并制定了国家首个科技发展长远规划——《1956—1967年科学技术发展远景规划》。此次会议研究部署了科技发展问题,拟定了许多当时迫切需要解决的重大科技任务,这是我国科技发展历程上的一个里程碑[①]。

在这一时期,借助集中资源办大事的举国体制,我国快速取得了一系列重大建设成就。科研机构从新中国刚刚成立时的30余家迅速增至1700多家,逐渐建立起包含中国科学院、高等院校、产业部门、地方研究机构以及国防部门在内的科技网络。科研仪器研发方面,我国于1958年成功试制出首台电子管计算机,随后高性能计算机、无线电弹道测量与安全控制系统、光电经纬仪、大型相控阵雷达、超远程追踪雷达、核辐射测量仪等关键技术装备研发成功,这些装备的应用极大地推动了机械制造、冶金、能源和国防工业等领域的发展[②]。科学数据方面,中国科学院、原农业部、原林业部等分别或联合组织多学科的科技工作者对南方热带和亚热带地区以及西藏、黄河中游、黑龙江流域等地区开展综合科学考察,获取了相关科学数据,并新建了一大批观测台站来满足工农业生产和国防建设需求。科技文献方面,我国初步形成了科技情报系统,收集并积累了大量国内外科技文献资料。生物种质与实验材料方面,我国相关单位培育出实验用小鼠,建立了实验动物生产基地。

第一阶段的科技基础条件资源的建设成就为中国科学技术事业的健康可持续发展打下了坚实的基础。

2. 第二阶段:砥砺前行,科技基础条件资源建设事业在改革中发展壮大

"文化大革命"期间,我国的科技事业遭受了巨大的打击,科技基础条件资源建设几乎陷入了停滞状态。改革开放如同一场及时雨滋润了科技界,我国的科技发展从混乱走向有序,从衰落走向繁荣,迈上了一个新阶段。1978年

---

① 国家统计局社科文司.科技发展大跨越 创新引领谱新篇[J].服务外包,2019(9):36-40.
② 李晓红.感悟我国科技发展历程 走好科技事业新长征路[N].学习时报,2022-07-22(001).

举行的全国科学大会上,邓小平同志提出了"科学技术是第一生产力"这一重要论断,不仅统一了全国的思想,还为科技发展明确了方向。

以1978年全国科学大会为起点,党中央提出"经济建设必须依靠科学技术,科学技术工作必须面向经济建设"的指导方针,制定了《1978—1985年全国科学技术发展规划纲要》,确定了8个发展领域和108个重点研究项目,提出了建设一批现代化科学实验基地和大型科学实验装置、迅速发展科学仪器的研制和生产、建立科学技术情报系统等要求,为新时期科技基础条件资源的建设指明了方向。这一时期,各单位的实验室都得到恢复、重建、充实,科研仪器研制开发和引进不断加强,实验动物管理也开始步入正轨。

20世纪80年代后,国家有关部门先后制定实施了《1986—2000年全国科学技术发展规划纲要》《国家中长期科学技术发展纲要》《1991—2000年科学技术发展十年规划和"八五"计划纲要》《科研条件发展"九五"计划和2010年长远目标纲要》等一系列科技发展规划,进一步明确了我国科技基础条件资源建设的方向,成为改革开放后直接推动我国科技基础条件资源建设快速向前发展的驱动器。为确保各项科技发展规划落地生根,优化科技资源配置,我国陆续推出了"863计划""973计划"、国家重点实验室计划以及重大科技装备研制计划等。这些规划的实施显著增强和提升了我国在重大科研设备方面的自主研发能力和系统整合水平,取得了一系列重要科研成果。在高性能计算领域,"银河"系列的超级计算机已经达到了世界先进水平。此外,我国在光电子器件及其集成技术方面取得了重要进展。在核能技术领域,我国成功突破了一系列核心技术难题,高温气冷核反应堆工程启动建设,快中子增殖堆进入筹备建设阶段。

随着21世纪的到来,我国科技基础条件资源建设方面取得了明显进展。然而,科技资源共享不足问题逐渐凸显,亟需得到有效解决。该问题具体表现在国家科技投入产生的大量科技信息、科学数据、大型科学仪器、研究实验报告、实验动物、种质资源等科技资源存在搁置、封闭现象,科技资源利用率低,科技投入效益不高。为促进科技资源合理分配与利用,2002年,科学技术部提出构建国家科技基础条件平台的设想,并于2003年正式启动平台试点建设工作。2004年由科学技术部、国家发展和改革委员会、教育部、财政部联合发布的《2004—2010年国家科技基础条件平台建设纲要》，是我国科技资源走向合理配置的重大举措。打破封闭、走向共享，我国科技发展进入新的模式。从小作坊式的分散研究向集成转化，形成"集团军"联合作战模式，标志着从国家层面推进科技资源共享工作[①]。2005年，科学技术部、财政部、国家发展和改革委员会、教育部联合印发《"十一五"国家科技基础条件平台建设实施意见》（国科发财字〔2005〕295号）。在此时期，科学技术部联合财政部正式启动国家科技基础条件平台建设专项工作，旨在推动研究基地、大型科研仪器设备、自然科技资源、科学数据、科技文献、科技成果转化和网络科技环境等六大科技资源共享平台建设，大力推进科技资源开放共享。同年，国务院发布了《国家中长期科学和技术发展规划纲要（2006—2020）》，对科技基础条件资源建设和科技资源共享工作作出明确部署，提出优化区域科技资源配置和高效利用，不断增强区域科技能力。2006年，随着国家科技基础条件平台中心的成立，科技资源开放共享工作得到了有效的统筹和协调。随后，在2007年，《中华人民共和国科学技术进步法》进一步明确了科研条件建设和科技资源共享的相关要求。2008年，科学技术部联合财政部启动科技基础条件资源调查工作，调研对象主要为通过投入财政资金形成科技资源的高等学校、科研机构等法人单位；调查内容包括大型科研仪器、重大科研基础设施、科学数据库、生物种质资源和实验材料等科技基础条件资源信息，旨在全面了解和掌握全国重点科技基础条件资源的现状及其变化趋势，为科技管理和决策提供重要的数据支撑[②]。2011年，为提升我国科学仪器自主创新能力和装备自给水平，财政部设立了国家重大科学仪器设备开发专项资金，主要用于支持重大科学仪器设备的研发，加速科学仪器设备的国产化进程。

这一时期，我国科研基础条件资源建设和开放共享工作得到进一步推进，

---

① 国家科技基础条件平台建设战略研究组.国家科技基础条件平台建设战略研究报告[M].北京:科学技术文献出版社,2006:25.
② 范治成,类淑霞,赵丹丹,等.国家科技基础条件资源调查质量探析[J].中国科技资源导刊,2019,51(3):66-71,79.

尤其是伴随着"863计划""973计划"等科技攻关计划、"211""985"等科教工程的实施以及国家重点实验室等基地的建设，科技基础条件资源持续积累、规模不断扩大，为开放共享工作奠定了物质基础，为经济社会高速发展提供了重要支撑。

3. 第三阶段：创新引领，科技基础条件资源管理与共享迈入历史新阶段

随着新时代的到来，全球科技革新和产业转型正以前所未有的速度推进，为中国的科技进步带来了前所未有的发展机遇。党的十八大以来，以习近平同志为核心的党中央深入实施创新驱动发展战略，明确指出创新是引领发展的第一动力，是建设现代化经济体系的战略支撑，必须摆在国家发展全局的核心位置。我国相关部门按照创新驱动发展战略总体部署，持续推进科研基础条件资源建设，在深化科技资源公共服务方面取得了积极进展。

2013年，国务院制定了《国家重大科技基础设施建设中长期规划（2012—2030）》，该规划强调了重大科技基础设施在推动科学探索、增强国家科技实力、促进技术革新和产业发展方面的关键作用，并提出了在能源、生命、地球系统与环境、材料、粒子物理和核物理、空间和天文、工程技术七个科学领域中，优先设置16项重大科技基础设施建设项目，逐步构建和完善科技基础设施体系。2014年10月，习近平总书记在中央全面深化改革领导小组第六次会议上指出："要从健全国家创新体系、提高全社会创新能力的高度，通过深化改革和制度创新，把公共财政投资形成的国家重大科研基础设施和大型科研仪器向社会开放，让它们更好为科技创新服务、为社会服务。"2014年12月，《国务院关于国家重大科研基础设施和大型科研仪器向社会开放的意见》（国发〔2014〕70号）正式发布，该项工作被列为国务院重点督办专项，随后，科学技术部、人力资源与社会保障部、海关总署等部门联合推进，解决实验技术人员职称、免税进口设备共享等问题。2017年，科学技术部联合国家发展和改革委员会、财政部印发《国家重大科研基础设施和大型科研仪器开放共享管理办法》，对重大科研基础设施和大型科研仪器的管理与共享机制作了明确的

规定。同年，科学技术部、财政部、国家发展和改革委员会联合印发《国家科技创新基地优化整合方案》，优化整合现有国家科技创新基地，进一步推进国家科技创新基地建设。2018年，科学技术部、财政部共同研究制定了《国家科技资源共享服务平台管理办法》，规范管理国家科技资源共享服务平台，推动科技资源向社会开放共享。2021年，《中华人民共和国国民经济和社会发展第十四个五年规划和2035年远景目标纲要》对科技资源的整合优化配置提出了明确要求，并提出加快构建以国家实验室为引领的战略科技力量。

  在这一阶段，得益于以习近平同志为核心的党中央的坚强领导，我国的科研基础条件得到了显著的提升和改善：建立了北京、上海、粤港澳大湾区等三个国际科技创新中心，以及北京怀柔、上海张江、深圳、安徽合肥等四个综合性国家科学中心；新建了包括中国散裂中子源、500米口径球面射电望远镜（FAST）、"科学"号海洋科考船、JF12激波风洞在内的多项重大科技基础设施。这些设施的建设不仅推动了我国科技实力从量的增长向质的提高转变，也促进了科技领域从单一技术突破向整体系统能力提升的跨越。科技领域的集中发力和快速发展，带来了历史性、整体性、格局性的重大变化，为中华民族伟大复兴奠定了更加坚实的科技基础。

1.2 科技基础条件资源共享的理解与认识

1.2.1 科技基础条件资源共享的概念

1. 科技基础条件资源共享的内涵

科技资源作为科学技术研究的基础条件,已被众多国家视为支撑和加速社会与经济进步的战略资源。面对资源的有限性,优化配置并充分挖掘其潜在的经济社会价值,成为各国必须优先考虑的问题。最大限度地发挥科技资源价值的关键在于提高资源流通性和共享性。

从科技资源共享的学术研究情况来看,我国学界自20世纪90年代开展相关研究,主要涉及科技资源使用权的共享、科技资源整合与高效利用、参与主体的合作与利益共享三方面。郑长江[1]和岳素芳[2]认为,科技资源共享本质上是在制度的约束下,科技资源使用权的共享,从而实现科技资源的科学高效使用和管理。钟国双[3]认为,科技资源共享就是科技资源的普遍化使用,其基本目的是提高科技基础条件资源的价值,优化资源配置。郑庆昌[4]和赫运涛[5]则

---

[1] 郑长江. 科技资源共享的成本——收益分析 [J]. 科学管理研究, 2009, 27(5): 33-38.
[2] 岳素芳. 制度变迁视角下科技资源共享的实践路径研究 [J]. 科技管理研究, 2020, 40(17): 27-32.
[3] 钟国双. 科技资源共享:需求、服务机制和服务模式 [J]. 科技管理研究, 2019, 39(22): 28-34.
[4] 郑庆昌. 科技条件平台共享机制内涵与构成探究——基于资源共享利益矛盾的视角 [J]. 科学学与科学技术管理, 2009, 30(2): 10-13, 22.
[5] 赫运涛. 基于公共服务的科技资源开放共享机制理论及实证研究 [M]. 北京:科学技术文献出版社, 2017.

从利益共享角度出发,认为科技资源共享是资源拥有主体对科技资源科技价值、经济价值和社会价值的主动追求和利益共享,实质上是要解决科技资源经济价值和社会价值在追求利益最大化中的冲突,实现参与主体各方利益的互利共赢。

基于对科技资源共享的认识,本书认为科技基础条件资源共享是指科技基础条件资源的占有主体实现科技基础条件资源在行业、社会和经济等方面的价值多向传递与共享,使科技基础条件资源能够被多个科技创新主体共享使用,从而达到资源配置优化以及参与主体互利共赢的目的。共享是责任与义务相平衡的过程,是既要有付出又要有收获的过程。

2. 科技基础条件资源共享的要素与主体

科技基础条件资源共享是一种社会现象,是一种协调关系,是根据多方分工协作实现资源配置效率和经济效益最大化的系统工程,涉及多个要素和主体。

科技基础条件资源共享主体是个人和机构,依据它们在共享过程中所扮演的角色,可将其分为四类:资源供应方、资源需求方、共享管理方和共享服务机构。资源供应方是指拥有并愿意提供科技基础条件资源的主体,而资源需求方是指在科研过程中需要利用外部资源的主体。二者构成了科技基础条件资源共享活动的核心主体,涵盖科研院所、高等学校和企业等。随着科技基础条件资源共享的规模化和专业化,共享服务机构成为一个重要的主体,发挥着供需双方之间纽带作用和催化剂作用,这类机构包括科技中介机构、创新服务平台、集群代理机构和行业协会等。此外,由于科技基础条件资源共享具有显著的外部效应,仅依靠市场机制可能无法实现其效益最优化,因此,对共享活动进行有效管理变得至关重要,各级科技管理部门和相关机构扮演着不可或缺的主体角色。

科技基础条件资源包括科研设施与仪器、科学数据与信息、生物种质与实验材料等,是共享行为的客体,是满足主体需求的基础。由于资源分布的不平衡性,以及产权的差异性,资源主体倾向于通过共享获取资源的使用权。此外，因为科技基础条件资源具有综合性和协同性，某些资源需与其他资源结合使用才能有效促进科技创新。因此，共享成为了一种必然的策略选择，以实现资源的最优配置和有效利用，推动科技进步[①]。

除了主体和客体要素外，科技基础条件资源还需要各类软硬件等环境要素的支撑和保障。软件要素主要包括各级政府及资源所有单位出台的推动科技基础条件资源共享的政策法规、规章制度、标准规范以及在共享活动中形成的共享文化等。硬件要素对共享活动的开展起到主要作用，主要包括用于开展共享活动的平台、网络、设备以及相关技术手段等，如以国家科技基础条件平台、中国科技资源共享网为重要载体的共享网络体系。这些硬件要素的建立对科技基础条件资源共享活动的深入推进起到了重要作用。

1.2.2 科技基础条件资源的共享形式

科技基础条件资源的共享主要分为内部共享和外部共享两种模式，以及政府支持型、市场诱致型、项目推动型三种共享方式。

1. 共享模式

（1）内部共享

内部共享指的是在同一法人单位内，不同研究部门或组织之间的科技基础条件资源开放共享。例如高校内不同学院之间的科研仪器共享，以及中国科学院体系下不同科研院所的科研基础设施的共享。

（2）外部共享

外部共享指的是本单位依据相关制度将可共享的设施、设备、数据、文献、生物种质、实验材料等科技基础条件资源有偿提供给社会其他个人或单位使用的共享模式。例如高校向高校以外的企业提供分析测试仪器。

---

① 陈娟.科技资源共享系统自组织运行机制研究［D］.哈尔滨工程大学，2012.

2.共享方式

（1）政府支持型

我国科技基础条件资源在规模和种类上都极为丰富。为实现这些资源的有效共享，政府的支持和推动不可或缺。政府支持型包括两种模式：一是政府直接投资建设，其运行模式和服务体系由政府规定，例如国家科技基础条件平台中心创建的中国科技资源共享网，以及各地方政府主导成立的各类科技资源共享服务平台；二是政府支持引导建立，政府通过立法和制订规章强制要求科研机构对财政资金投入所形成的资源进行开放共享，并制定和完善相关制度，如知识产权保护制度等，科学合理地规范和维护科技资源。同时，政府还通过出台财政和税收政策等激励措施，促进科技资源供应方向社会提供共享服务，例如首都图书馆建设文献资源共享服务平台。

（2）市场诱致型

在科技基础条件资源的共享活动中，市场机制扮演着至关重要的角色，而产学研合作模式是一个典型的例子。产学研合作模式是企业与学术界、研究机构之间的一种合作，其发展和形成需遵循制度演变的原则，确保收益大于成本。在这一合作模式中，高等学校、企业以及科研机构所拥有的科研基础条件资源存在竞争关系，而追求利益最大化成为各方合作的共同基础。在此模式下，高等学校、科研机构和企业在技术创新过程中各司其职，优势互补，通过有效整合科技资源，发挥更为突出的科研竞争实力。

（3）项目推动型

项目推动型指通过制定项目或计划的形式来整合资源拥有方的科技基础条件资源，推进资源的开放共享，具有见效快、可持续的特点。例如基于2001年设立的科技文献信息专项建设的国家科技图书文献中心（NSTL），可提供文献信息资源的采集、加工服务，支持文献信息资源网络的建设和运行维护以及从事其他与文献信息资源共建共享相关的工作。又如科技基础条件平台专项支持建设的国家科技基础条件平台。

1.2.3 科技基础条件资源的共享机制

科技基础条件资源共享是一项长期性、基础性和公益性工作。健全而高效的科技基础条件资源共享体系对于持续推进科技基础条件资源的共享活动至关重要，是解决科技基础条件资源共享实践中各类问题的关键。通过建立协调管理、资源整合、利益激励、技术支撑等机制，协调处理好共享活动中资源共享主体的利益平衡问题，可使共享活动高效、有序开展。

1. 协调管理机制

共享机制的有效运作依赖于参与方之间权利、责任和义务的重新配置与转化。若这种重新配置及转化无法得到妥善实施，会导致共享进程的不协调和机制运作的低效，从而影响共享活动的持续进行。目前，一些科技基础条件资源的共享尚未能完全实现市场化运营或者正处在探索市场化运营的初期阶段，这就需要政府及相关部门的宏观调控与引导，即通过制定法律、政策和管理办法等，对跨部门、跨行业、跨地区的科技基础条件资源的整合与共享进行宏观调控与监管，建立起科学完善的协调管理体系。协调管理体系的建设应包括成立科技资源开放共享工作小组，由多部门共同参与全省科技资源开放共享工作；根据科技基础条件资源的不同类别设置工作机构，并分配明确的职责，确保共享制度的落实；同时还需要成立专家委员会，负责为共享平台的制度建设提供研究、评议、论证和咨询服务，确保制度设置的民主性和科学性。

2. 资源整合机制

科技基础条件资源的整合和共享面临的主要障碍是资源的社会价值最大化和经济价值最大化之间的冲突没有得到有效协调。资源整合的关键是根据资源的价值属性进行合理配置。政府的宏观引导和协调作用对于科技基础条件资源的社会价值最大化至关重要，而实现其经济价值的最大化则依赖于市场机制的调节。确立明确的产权是激励资源供应方分享资源的前提，同时也可确保资源需求方在明晰的权利和义务基础上相互信任并使用共享服务。科技基础条件资源高效共享的动力，依赖于赋予相关主体对资源的拥有、使用、收益以及处置等方面的权利[①]。明确的产权配置增强了企业作为创新实体对科技基础条件资源的使用意愿。遵循产权界定明确和资源利用最大化的原则，确立科技资源的产权结构，有助于消除资源供应方、共享服务机构和需求方间的障碍。而这需要通过制定相应法律法规明晰科技基础条件资源的产权归属，解决科技基础条件资源及其产出成果的归属问题，确立科技基础条件资源共享的法律地位。同时，制定或出台要求或鼓励各类科技资源共享主体参与共享的政策制度，为科技基础条件资源共享创造良好的政策环境。

3. 利益激励机制

构建有效的科技基础条件资源利益激励机制，关键在于调节涉及各方的利益，以平衡资源供应方、共享服务机构和需求方之间的利益，确保各方合法权利得到保护。该机制包括以下内容：在减少共享交易成本的同时，提升共享效率，实现互利共赢；按照互利共赢和效率与公益性兼顾的原则，制定科技基础条件资源共享收益分配的办法和指导性意见，内容包括建立资源供应方的投资规则、共享服务机构的管理规范，以及确定参与各方的责任、权利和利益的分配方法；制定科技资源折旧与耗减核算办法、政府资助的标准规则及资金保障的具体规定。应在实践中不断完善利益激励机制，对资源供应方保障"谁开放、谁受益"，对资源需求方做到"谁使用、谁受益"，对共享服务机构实现"谁服务、谁受益"。

4. 技术支撑机制

共享技术是基于科技资源整合与共享规则在网络环境下管理科技资源信息的手段，是实现科技资源共享的必要保障和重要支撑。技术支撑机制是通过运用共享技术，为科技基础条件资源的跨地域、跨行业、跨部门信息共享与协同合作提供技术支持。网络管理平台是共享技术的重要载体，平台对所有符合条

---

① 王蓉. 资源循环与共享的立法研究[M]. 北京：法律出版社，2006.

件的科技基础条件资源信息按照统一的标准和规范进行管理，并提供在线服务。已建、在建和筹建平台上的科技资源能否互相交流、共享，关键在于是否使用了相同的技术规范。因此，须按照信息化、标准化、开放性、科学性、安全性的原则，开发一套完整的技术和服务标准支撑平台运行，包括数据采集、数据存储、网站建设、接口连接、仪器操作和维修等共享技术规范。此外，要基于不同类型科技基础条件资源的特性，在共享技术规范框架下，制定适用于不同类型的资源及网络平台的技术与服务规范。

第二章

国内外科技基础条件资源建设与共享情况

科技基础条件资源在科技创新能力提升中发挥着越来越重要的作用,是实现科技成果创造和推动经济社会发展的主要资源,科技基础条件资源的优化配置和高效利用已经成为推动科技创新和经济社会发展的关键。如何有效地实现资源共享,提高科技基础条件资源使用效率,是当前亟需解决的现实问题。国外发达国家非常重视科技基础条件资源的建设与共享工作,经过多年探索与实践,建设了一批世界瞩目的大科学装置和生物种质保藏机构,搭建了一批科学数据中心,形成了一些典型的科技资源共享网络模式,其先进经验值得学习与借鉴。

2.1 大科学装置

"大科学"（big science）是国际科技界提出的新概念，主要特点是研究目标宏大、多学科交叉、实验设备昂贵、投资强度大等。美国、德国、英国等国家的科技界称大科学装置为"大型装置"，即"large-scale facilities"。澳大利亚、法国、丹麦等较多地使用"large research infrastructures"，意为"大型研究基础设施"[1]。在中国，大科学装置有时也被称为"重大科技基础设施""大型科学装置"。国家发展和改革委员会、财政部、科学技术部、国家自然科学基金委员会联合发布《国家重大科技基础设施管理办法》（发改高技〔2014〕2545号），将"国家重大科技基础设施"定义为：为提升探索未知世界、发现自然规律、实现科技变革的能力，由国家统筹布局，依托高水平创新主体建设，面向社会开放共享的大型复杂科学研究装置或系统，是长期为高水平研究活动提供服务、具有较大国际影响力的国家公共设施。《科学技术部办公厅关于印发重大科研基础设施与大型科学仪器向社会开放相关规范的通知》（国科办基〔2015〕63号）将"大型科学装置"定义为：为实现国家科技重大战略目标，由国家发展和改革委员会及国务院其他部门批准建立的大型科学研究设施。不同的文献中还有不同的关于大科学装置的定义。本书将"大科学装置"定义为：为提升探索未知世界、发现自然规律、实现科技变革的能力，依托高水平创新主体建设，长期为高水平研究活动提供服务、具有较大国际影响力的大型复杂科学研究装置或系统。

---

[1] 西桂权，付宏，刘光宇.中国大科学装置发展现状及国外经验借鉴[J].科技导报，2020，38（11）：6-15.

2.1.1 国外大科学装置发展现状

大科学装置建设起源于二战时期的美国。长期以来，欧美日等主要发达国家和地区都高度重视大科学装置的建设与发展，将其视作本国或本地区科技的核心竞争力，并对其持续加大投资力度，加强设施建设和战略布局，保持、培育和发展领先优势[①]。

美国在高能物理、核物理、天文、能源、纳米科技、生态环境、信息科技等领域布局了一批性能领先的大科学装置，主要由美国能源部、美国国家科学基金会等部门进行资助和管理，如先进光子源（APS）及其升级、激光干涉引力波天文台（LIGO）及其多次升级、先进地震学设施（SAGE）、韦伯太空望远镜（JWST）、大型综合巡天望远镜（LSST）、深地中微子实验（DUNE）等。美国基于这些大科学装置取得了发现引力波等一系列重大科学成果和相关核心技术的突破，大科学装置在美国科技创新、国家安全和经济社会可持续发展等方面发挥了重要作用，巩固了其世界科技强国的地位[②]。美国能源部依托国家实验室进行大科学装置建设、管理以及运行，并通过对国家实验室的运行机构进行考核来保证装置的高质量运行[③]。

欧洲地区大科学装置建设以英国、法国、德国等为代表，这些国家在能源、生命、资源环境、材料、空间、天文、粒子物理与核物理、工程技术等领域布局建设了数量众多的研究设施。为了整合资源，提高整体竞争力，欧洲国家还联合建设了一批国际领先的大科学装置，如欧洲同步辐射装置（ESRF）、大型强子对撞机（LHC）、甚大巡天望远镜（VST）、欧洲自由电子激光（EXFEL）、欧洲散裂中子源（ESS）等，并基于这些大科学装置取得了发现希格斯粒子等一系列重大科学成果，发明了WWW网页技术，催生了互联网经济。这些大科学装置不仅在欧洲科技领域保持领先优势，提高了欧洲国家技术

---

① 薄力之.国内外大科学装置集聚区[J].国际城市规划，2023，38（2）：153-158.
② 王贻芳.中国重大科技基础设施的现状和未来发展[J].科技导报，2023，41（4）：5-13.
③ 吴思多，辛胜昌，涂欢，等.浅析各国大科学装置管理机制对我国的启示[J].科技资讯，2018，16（10）：242-244.

市场的占有率，为欧洲国家在全球供应链、产业链中占据高位赢得了主动，而且促进了全球经济社会发展，促进了欧洲国家之间的和平与合作。

日本从经济高速成长期开始，就非常重视大科学装置的建设，形成了一大批世界领先的大科学装置，包括螺旋型磁约束托卡马克装置（日本LHD）、深度深海无人探测机（日本"海沟7000"）、宇宙暗物质探测器（东京大学XMAS）、射电望远镜阵列（ALMA）、引力波望远镜、富岳超级计算机等，涉及原子能、核能、宇宙、海洋、信息技术等各领域。2001年以后，日本用于大科学装置的年度预算整体上维持在接近2000亿日元的水平，并且稳步增加，其中用于"促进最尖端大型研究设施的整备与共用"领域的预算从2015年的453.14亿日元进一步上升到2019年的476.65亿日元[①]。日本的顶尖大科学装置主要集中于东京湾区，如14项同步辐射（SR）装置中，位于东京湾区的就多达5项；8项自由电子激光（FEL）装置中，3项位于东京湾区；日本唯一的中子源大科学装置KENS就位于东京湾区[②]。

2.1.2　国内大科学装置发展现状

我国重大科技基础设施的建设经历了从无到有、从小到大、从跟踪模仿到自主创新的艰难历程[③]。截至2022年底，我国已经布局建设77个国家重大科技基础设施，其中34个已建成运行，部分设施已迈入全球第一方阵[④,⑤]。纵观中国大科学装置的部署及建设，经历了萌芽期、成长期、追赶期三个阶段，呈现

---

① 日本对科研人才项目资金的做法［EB/OL］.（2020-08-17）［2024-03-17］. https：//www.sohu.com/a/413536262_100114158.

② 一次读懂！东京湾区的百年沉浮（上篇）［EB/OL］.（2022-09-01）［2024-03-17］. https：//mp.weixin.qq.com/.

③ 王贻芳，白云翔.发展国家重大科技基础设施 引领国际科技创新［J］.管理世界，2020，36(5)：172-188.

④ 钱童心.大科学顶天立地 中国基础科研如何扛鼎［N］.第一财经日报，2023-02-24（A01）.

⑤ 环球网科技.我国已布局77个国家大科学装置：34个建成运行 迈入全球第一方阵［EB/OL］.（2023-02-07）［2024-03-17］. https：//baijiahao.baidu.com/.

出以下发展趋势：从物理学领域向多领域发展；从传统的单一大科学装置向集成的、复杂的综合设施发展；大科学装置建设从中国科学院个体突破到科研院所、高校、政府、大型企业等多方创新主体共同参与和协力打造转变[①]。

我国在大科学装置的投资力度不断增大。"九五""十五"期间建设了11个大科学装置，总投资约33.2亿元。"十一五"时期，我国建设了12个大科学装置，总投资约60亿元。"十二五"期间，在7个重要科学领域建设16个大科学装置，总投资超100亿元。"十三五"期间，以上海张江、北京怀柔、安徽合肥和深圳四大综合性国家科学中心（表2-1）为主，开展了15个大科学装置的建设。上海在已有大科学装置基础上，继续推进硬X射线自由电子激光装置等多个大科学装置的建设。截至2020年底，位于北京怀柔综合性国家科学中心的5个大科学装置已全面开工建设，预计在2025年全部投入运行。同时，安徽合肥综合性国家科学中心正在积极建设国家大科学装置集群，并先后启动合肥先进光源、强光磁集成实验装置等项目的预研工作。深圳综合性国家科学中心立足粤港澳大湾区优势，建设脑模拟与脑解析设施、合成生物研究设施等。

表2-1 四大综合性国家科学中心情况

名称	获批建设年份	聚焦领域	大科学装置的情况	合作大学
上海张江综合性国家科学中心	2016	光子科学与技术、生命科学、能源科技、类脑智能等	上海光源线站工程、软X射线自由电子激光用户装置、超强超短激光实验装置、活细胞结构和功能成像平台、硬X射线自由电子激光装置等	上海交通大学、上海科技大学
北京怀柔综合性国家科学中心	2017	物质科学、空间科学、大气环境科学、地球科学	多模态跨尺度生物医学成像设施、高能同步辐射光源、综合极端条件实验装置、空间环境地基综合监测网二期、地球系统数值模拟装置	中国科学院大学

---

① 韩文艳，熊永兰，张志强.中国大科学装置建设现状、问题与路径研究[J].中国西部，2018(6)：51-59.

续表

名称	获批建设年份	聚焦领域	大科学装置的情况	合作大学
安徽合肥综合性国家科学中心	2017	信息、能源、健康、环境等	聚变堆主机关键系统综合研究设施等	中国科技大学、合肥工业大学、安徽大学
深圳综合性国家科学中心	2019	生命科学、信息科学、空间科学等	脑模拟与脑解析设施、多模态跨尺度生物医学成像装置、合成生物研究设施、空间引力波探测地面模拟装置等	南方科技大学、清华大学深圳研究生院

2.2 生物种质与实验材料

生物种质与实验材料资源一般指经过长期演化自然形成的（如化石、岩矿）或经过人为改造（包括收集整理、遗传改造等）的重要物质资源，主要包括植物种质资源、动物种质资源、微生物菌种资源、生物样本资源、标本资源和实验细胞、实验动物等材料资源，具有战略性、公益性、长期性、积累性和增值性等特点。随着科学技术的发展，生物种质与实验材料资源已经成为一个国家重要的战略资源，也是衡量一个国家综合国力的指标之一，关系国家主权和安全[①]。

世界主要发达国家和新兴市场国家普遍重视生物种质与实验材料资源的收集、保存和开发利用，以现代生物技术为基础的生物种质与实验材料资源保护和可持续利用已是全球竞争的战略重点之一。可通过划定自然保护区、建设国家公园、设立国家基金、建立保藏中心等形式强化生物种质与实验材料这类战略性资源的保护和利用[②]。

2.2.1 国外生物种质与实验材料发展现状

为了更好地保藏和利用生物种质与实验材料，欧洲主要国家及美国、日本在动物种质资源、植物种质资源、微生物菌种资源、标本资源等方面开展了一系列体系建设工作。

---

① 卢凡，程苹，崔燚.加强国家生物种质与实验材料资源库建设 夯实生物资源发展基础[J].国际人才交流，2023（2）：23-26.
② 白晨，王弋波，赫运涛，等.生物种质资源与实验材料样本建设存储情况的国际比较研究[J].中国科技资源导刊，2017，49（1）：8-13.

1. 美国

美国积极关注并投资生物资源的保护和利用，实施了众多相关计划，如先进植物计划、特种植物研究计划、动物基因组研究蓝图、微生物组计划等，这些计划为美国生物资源的保护、研究和开发构建了全方位、全链条的支撑与管理网络。美国自然历史博物馆于1993年建立了生物多样性及保护中心（CBC），以加强这一领域的研究与保护工作。

植物种质资源方面，美国于1946年颁布了研究与市场法案后，设立了四个区域性植物引进站，负责植物种质资源的保存和评价工作。1990年，美国国家遗传资源计划（NGRP）由美国国会批准建设，该计划是关于重要种质资源的获取、描述、保存、记录和分发的。美国还建立了种质资源信息网络系统（GRIN），以信息化的方式实现植物、动物、微生物和无脊椎动物等种质资源的共享。美国国家植物种质资源系统（NPGS）用于实施农作物种质资源收集、保存、评价、鉴定、分发以及信息共享等工作。

动物种质资源方面，美国拥有1300个有关实验动物生产与研究的机构。1962年，国立卫生研究院设立的国家研究资源中心，对多个实验动物种质资源中心的建设提供资金支持，包括国家级非人灵长类实验动物中心、啮齿类实验动物资源中心，以及其他脊椎和无脊椎动物资源中心，例如加利福尼亚国家灵长类研究中心、突变小鼠资源中心、国家海兔资源中心、斑马鱼国际资源中心等。分子生物学、胚胎工程和低温生物技术的运用促进了动物种质资源的商业化，如Jackson实验室和Charles River公司等的兴起。

微生物菌种资源方面，美国设立了多个主要的微生物资源信息和保存中心，诸如美国真菌遗传学信息中心（FGSC）、美国典型菌种保藏中心（ATCC）以及美国农业研究菌种保藏中心（NRRL）。其中ATCC保藏着多种用于科研的生物材料，如细胞系、分子基因组学工具、微生物及其产品；NRRL作为全球最大的微生物公共保藏中心之一，保有约98 000个细菌和真菌分离株。

人类遗传资源方面，美国强化相关法规的建设和政策的执行，如基因专利法等，制定了包括《统一生物材料转移协议（UBMTA）》《美国细胞培养与存储中心的范本合同》及《大学示范合同》在内的规范性文件,保障人类遗传资源的合理利用和保护。

2. 英国

植物种质资源方面,英国皇家植物园邱园(Royal Botanical Garden, Kew)自18世纪中叶建成以来逐渐发展成为规模巨大的世界级植物园和全球重要的植物研究中心,藏品超过850万件,约占英国现有维管植物属的95%以及真菌属的60%。邱园拥有全球规模最大的野生植物种子库"千年种子库",该野生植物种子库来源于世界上最宏伟的植物保护项目——千年种子库项目(Millennium Seed Bank Project),该项目于2000年启动,迄今已收藏了全球24 000份重要和濒危的种子。此外,邱园还拥有真菌标本馆,该馆于1879年建立,至今有125万份干燥样品,其中不乏英国本土的物种,是世界最早成立、规模最大的真菌收藏机构。

动物种质资源方面,英国法律规定任何药物在作用于人体之前都需要经过动物实验,因此,英国每年开展大量动物实验。美国企业亨廷顿生命科学公司(Huntingdon Life Sciences)作为欧洲最大的动物实验企业,于2015年与Harlan实验室合并,组建了全球性的Envigo公司。为减少动物实验规模,英国持续推进科学创新,并且最早提出"3R"原则,即替代(replacement)、减少(reduction)、优化(refinement),并制定了第一部动物实验法律。

微生物菌种资源方面,英国国家菌种保藏中心(UKNCC)和英国食品工业与海洋细菌菌种保藏中心(NCIMB)是英国重要的微生物资源保藏中心。UKNCC提供的菌种资源包括模式细菌和参考细菌,对临床和兽医等领域的科学研究发挥着至关重要的作用;NCIMB则专注于生物分类学和分子生物学研究,并采用冷冻干燥技术保藏菌种。

人类遗传资源方面,英国早在2000年建立了DNA银行网络,搜集并利用人类遗传信息,重点关注如晚期阿尔茨海默病、抑郁症等重大和常见疾病的相关遗传资源样本。此外,英国曼彻斯特大学基因组医学综合研究中心也提供与人类遗传资源相关的服务。

3. 德国

植物种质资源方面，德国的马克斯普朗克植物育种研究所（MPIPZ）主要开展植物基础分子生物学研究，重点关注植物进化、植物基因蓝图、植物发育及其与环境的相互作用，旨在通过改良传统育种技术，为作物开发环保提供保护策略。而柏林大莱植物园（BGBM）专注于地中海植物和热带植物的研究，保藏有庞大的植物种质资源，研究水平一直处于世界领先位置。

动物种质资源方面，德国联邦食品与农业部是动物实验监管及实验动物保护的政府主管部门，其职责包括制定、修订及执行相关的法规条例。德国于1957年成立了中央实验动物研究所（ZFV），致力于通过研究实验动物推动科学进步。

微生物菌种资源方面，德国国家菌种保藏中心即微生物菌种保藏中心（DSMZ）成立于1969年，现藏有7万多种生物资源。其微生物开放性馆藏包含近3万种培养物。DSMZ还开发了一系列生物信息学工具与数据库，例如面向原核生物的搜索工具（包括BacDive、TYGS、PNU-LPSN、GGDC、VICTOR等）和面向真核生物的微卫星在线分析工具。

4. 日本

日本有多个机构致力于生物种质与实验材料的保藏与利用，且这些机构所保藏的类型具有多样性，多数覆盖植物种质资源、动物种质资源、微生物菌种资源中的两种及以上。

日本的生物种质资源研究机构主要集中在农业和食品资源领域，具有代表性的机构有国家农业生物科学研究所（NIAS）、日本农业科学研究中心（JIRCAS）和国立渔业研究所（FRA）。其中，NIAS在2016年4月被纳入日本从事农业和食品研究开发的核心机构NARO，构建了包括植物资源库、动物资源库、微生物库、DNA库等在内的种质资源保藏体系；JIRCAS于1993年10月基于热带农业研究中心重组成立，为日本农业、林业、渔业以及相关产业的科技进步开展信息搜集和实验研究，并为全球粮食和环境问题以及稳定的农、林、渔产品和资源供应提供解决方案；FRA于2016年4月由日本水产研究局和日本国立水产大学组建而成，主要负责渔业研究。

日本理化所生物资源中心（BRC）成立于2001年，主要开展针对啮齿类模型、植物模型、人源及动物来源的细胞系、遗传材料、微生物资源（放线菌、古细菌、丝状真菌、酵母）等的收集、保存和分配；日本实验动物中央研究所（CIEA）是日本最早提供无特定病原级小鼠的单位，也是日本最先建立无菌级小鼠的单位，其建立了很多特有小鼠和狨猴模型资源等；日本熊本大学生命资源开发与分析学院（IRDA）建成于2000年，该学院致力于基因小鼠的保藏、供给和开发，同时构建了动物资源数据库——CARD R-base；筑波大学实验动物资源中心则主要保存大小鼠和山羊资源。

日本技术评价研究所生物资源中心（NBRC）主要围绕农业、应用微生物、菌种保藏方法、环境保护、工业微生物、普通微生物、分子生物学等开展研究。此外，NBRC还提供微生物基因组DNA、人类cDNA等资源信息。

日本国立自然科学博物馆（TNS）成立于1877年，作为日本最古老的博物馆之一，负责收集、研究并展览动植物、细菌、真菌等标本和材料；日本分子生物多样性研究中心成立于2006年，主要开展DNA研究材料、DNA数据和提取DNA标本的收集和保存；东京大学综合研究博物馆拥有世界著名的植物标本馆，该馆藏有丰富的东亚植物标本。

2.2.2 国内生物种质与实验材料发展现状

我国是《生物多样性公约》《卡塔赫纳生物安全议定书》《名古屋议定书》的缔约国，高度重视生物资源的保护保藏与研究开发，制定了《生物多样性保护战略与行动计划（2011—2030年）》《联合国生物多样性十年中国行动方案》等文件，持续开展相关履约工作并取得显著成就。2022年12月15日，国家主席习近平在《生物多样性公约》第十五次缔约方大会第二阶段高级别会议开幕式致辞强调，中国积极推进生态文明建设和生物多样性保护，生态系统多样性、稳定性和可持续性不断增强，走出了一条中国特色的生物多样性保护之路。我国在生物种质资源保护和利用上，出台了多项政策措施，例如《国务院办公厅关于加强农业种质资源保护与利用的意见》（国办发〔2019〕56号）；明确了生物种质资源保护的基础性、公益性、战略性、长期性的定位。

动物种质资源方面，我国实验动物资源库开展相关实验动物种质资源及其生物资源的收集、保存、鉴定以及疾病动物模型等相关研究和动物资源信息共享工作。2006年建立的中国科学院实验动物资源平台联合全国多家实验动物种子中心，共享多种遗传工程实验动物品系和实验设备，围绕战略性生物资源服务网络计划，力求在生命科学领域开发出拥有自主知识产权的新型实验动物模型，以保障国家重要科研项目顺利开展和实施。

植物种质资源方面，我国已经建成国家农作物种质资源、国家林业和草原种质资源、国家重要野生植物种质资源三大植物种质资源共享服务平台。中国科学院形成了以"三园两所"（即武汉植物园、华南植物园、西双版纳热带植物园，北京植物研究所和昆明植物研究所）为代表的植物园和植物科学学科体系，并在近年逐步拓展。

微生物菌种资源方面，国家微生物资源平台（NIMR，网址为www.nimr.org.cn）以中国农业微生物菌种保藏管理中心等9个国家级微生物资源保藏机构为核心，整合了我国农业、林业、医学、药学、工业、兽医、海洋、基础研究、教学实验等九大领域的微生物资源，涵盖了国内微生物肥料、微生物农药、食用菌栽培、微生物饲料、食品发酵、疫苗生产、药物研发、生物化工、产品质控、微生物环境治理、环境监测等各应用领域的优良微生物菌种资源。近年来，平台注重特殊生态环境微生物资源的整合，极大地丰富了库藏资源的多样性。

人类遗传资源是可单独或联合用于识别人体特征的遗传材料或信息，是推动疾病预防、干预和控制策略开发的重要保障，已成为公众健康和生命安全的战略性、公益性、基础性资源。《中华人民共和国人类遗传资源管理条例》明确规定了人类遗传资源的审批、监管和处罚程序。人类遗传资源与生物资源安全被纳入《中华人民共和国生物安全法》。国家人类遗传资源共享服务平台（NICGR，网址为www.egene.org.cn）设有中华民族、国家重大疾病生物、国家生殖遗传、特殊人群生物、自然人群生物、极端环境生物、干细胞生物等生物样本（资源）库和科学数据库。

标本资源方面，国家标本资源共享平台（NSII，网址为www.nsii.org.cn）由中国科学院植物研究所牵头，汇集了植物、动物、岩矿化石等标本、名录、文献和图片信息等数据，下设植物标本、动物标本、教学标本、保护区标本、岩矿化石标本和极地标本等6个子平台，成为国内物种标本数据最多且完全公开的数据网站[1]。此外，中国科学院动物研究所国家动物博物馆联合中国科学院多个研究所下属的17个标本馆/博物馆，正努力建成世界范围内具有重要影响力的生物标本保藏中心和全国乃至亚洲最大的生物学知识传播中心。

生物多样性监测是评估生物多样性保护进展的有效途径，监测方式从以往的单点观测逐渐转变成联网监测。遥感、红外相机、人工智能等新技术不断拓展和丰富生物多样性监测的尺度与手段。中国生物多样性监测与研究网络（Sino BON）于2013年启动建设，已建成了覆盖全国30个主点和60个辅点，包含针对动物、植物、微生物等多种生物类群的10个专项监测网和1个综合监测管理中心。2014年，Sino BON被亚太地区生物多样性监测网络（AP BON）和全球生物多样性监测网络（GEO BON）正式接受，成为其成员网络[2]。

---

[1] 金冬梅，杨灵，许哲平，等.国家标本资源共享平台（NSII）支撑生物多样性科学研究的成效分析[J].广西植物，2023，43（8）：1501-1502.
[2] 陈方，丁陈君，郑颖，等.生物资源领域国际发展态势研究及启示[J].世界科技研究与发展，2019，41（6）：555-568.

2.3 科学数据中心

科学研究已进入"第四范式"——数据密集型科学,这代表着科学数据在当今时代占有极其重要的位置,是科学事业发展的基础。科学数据中心则是开展与某特定学科相关科学数据管理工作(数据生产、数据采集、数据分析、数据保存、数据共享、数据重用)的必要支点[①]。因此,为发挥科学数据集成性优势,世界各国积极推进科学数据中心建设,开展科学数据的汇聚、管理、存储、开放与利用。

2.3.1 国外科学数据中心发展现状

随着科学数据在重大前沿科学问题研究及战略发展方面的重要性日益凸显,美国、英国等世界主要发达国家充分认识到科学数据是最重要的公共信息资源,加大了对国家科学数据中心(群)的建设与投入且取得显著成效[②]。

美国将数据视为强化国家竞争力的关键因素之一,将数据研究和生产提高到了国家战略层面,积极建设国家级科学数据中心,对国家科学数据中心的建设与投入一直走在全球前列[③]。美国通过实施国家级和部门级的科研数据政策及相关法律法规并结合科技战略布局和配套项目,实现了大量科学研究数据的

---

① 刘敬仪,江洪,廖宇.德国地球科学领域科学数据中心调查与启示[J].数字图书馆论坛,2019(12):52-58.
② 黄铭瑞,李国庆,李静,等.国家科学数据中心管理模式的国际对比研究[J].农业大数据学报,2019,1(4):14-29.
③ 田倩飞.美国国家科学基金会投资建设大数据区域创新中心[J].科研信息化技术与应用,2015,6(3):96.

集中归档与管理，构建了一个以国家科学数据中心为核心，各相关学科领域数据中心、研究机构和研究人员向国家科学数据中心提交并使用数据的格局，而国家科学数据中心成为科技创新活动的有力保障。美国在地球科学、生物科学、大气科学、海洋与环境科学等多个领域建立了一批成熟的国家科学数据中心，推动了公益性科学数据资源的长期积累、统一管理和广泛应用。在地球科学领域，1990年美国航空航天局（NASA）牵头建立了地球科学领域的国家级数据存档体系——DAAC，该体系已发展为由12个分布式国家级数据中心以及分布在各政府部门、学术机构的多个专业数据库群构成的网络，覆盖水文、大气、地质及陆面等多个地球科学相关领域，为全球研究者提供了丰富的数据资源。在生物科学领域，美国国立卫生研究院（NIH）所属的国立生物技术信息中心（NCBI）管理着一系列生物医学数据。NCBI不仅向用户提供数据的汇交、搜索服务，还提供了以核酸序列数据库（Gen Bank）为代表的多种在线分析工具。在大气、海洋及环境科学领域，美国国家海洋与大气管理局（NOAA）于2015年整合其下属的国家气候、海洋和地球物理数据中心，成立了国家环境信息中心（NCEI）。NCEI负责气候、气象、海洋和环境等领域科学数据的统一存储和管理。

欧洲国家系统性推进了科学数据中心的建设和管理。以英国为例，在英国联合信息系统委员会的资助之下，英国于2004年成立了数据保存（监护）中心（DCC），提供科研数据管理所需的基础设施和技能培训，并促进了数据生产者、使用者以及数据中心间的知识共享。2007年3月，英国科学与创新办公室（OSI）发布了《发展英国科研与创新信息化基础设施》研究报告。该报告提出了数据资源数字化长期保存及共享建设规划，重点建设国家科学数据中心，同时着手协调国家、地方以及高等学校、科研院所等之间的关系，以形成有效的数据服务系统。目前，英国的国家科学数据中心网络主要由英国研究理事会（RCUK）下属的七个理事会管理的不同学科领域数据中心组成。其中，自然环境研究理事会（NERC）主要资助英国环境科学领域的研究和相关人才的培养，建立了涵盖海洋、环境等领域的数据中心网络。生物技术与生物科学研究理事会（BBSRC）主要资助英国生物技术和生物科学领域的研究，将其资助的欧洲核苷酸存档中心、果蝇基因组数据库等多个领域数据中心，联合欧洲生物信息中心（EBI），建立了生物科学领域的数据库网络。

澳大利亚政府于2008年通过国家合作研究基础设施战略（NCRIS）为澳大利亚国家数据服务中心（ANDS）的建设提供经费支持。ANDS由莫纳什大学牵头，联合澳大利亚国立大学、联邦科学与工业研究组织（CSIRO）组建而成。ANDS建立了澳大利亚科学数据发现平台Portal，该平台整合了来自44个机构和网站的近两万个数据集，涵盖了自然、社会、艺术及人文等多学科领域的数据中心，为科学数据的管理、存储、传播及再利用提供了强有力的支持，极大地促进了国内外的科学研究工作[①]。

2.3.2　国内科学数据中心发展现状

长期以来，我国在科学数据中心建设和发展方面进行了诸多探索和实践，在科学数据管理与共享方面取得了一定成效[②]。2001年底，科学技术部在气象科学领域启动了首个科学数据共享试点工程。此后，农业、林业、水文、地震、测绘和地球等科学领域也陆续展开了试点工作，有效促进了多个领域科学数据的共享工作。中国科学院实施了"科学数据库及其信息工程"项目，并将其列为中国科学院重大建设项目之一，历经多年，该项目已发展为较完善的科学数据库体系，并凭借中国科学院信息化建设专项资金的大力支持，建成国内规模较大的综合科学数据服务平台。同时，国土资源、测绘和交通等行业主管部门以及一些科研机构也建立了一批科学数据中心，这些中心不仅可以支撑本部门或行业科学数据资源的集中保存、管理、研究和利用，还在一定程度上向公众提供了数据共享服务，共同推动了我国科学数据管理与共享系统的发展。

2004年，科学技术部、财政部联合启动国家科技基础条件平台建设专项

---

① 易成岐，窦悦，陈东，等.全国一体化大数据中心协同创新体系：总体框架与战略价值[J].电子政务，2021（6）：2-10.

② 高孟绪，王瑞丹，王超，等.关于国家科学数据中心建设与发展的思考[J].农业大数据学报，2019，1（3）：21-27.

工作，重点推动地球、人口与健康、农业、林业、气象、海洋、地震和基础科学等八大领域国家级科技资源共享服务平台建设，基本覆盖相关领域的科技资源优秀单位，形成了一系列在各自领域内具有明显资源优势的科学数据中心，促进了科学数据的整合、交流与共享。2019年，科学技术部与财政部在已有的科学数据平台基础上进行了优化和调整，确定了包括"国家高能物理科学数据中心"在内的20个国家科学数据中心（表2-2）[①]。此外，我国也一直活跃在国际科学理事会（ISC）下属的世界数据系统（WDS）的相关工作中，截至2020年7月，在国家科学理事会世界数据系统（ISC-WDS）的新框架下，我国成功建立了10个科学数据中心，分别是中国天文数据中心、可再生资源与环境数据中心、海洋数据中心、世界微生物数据中心、中国空间科学数据中心、寒区旱区科学数据中心、地球物理科学数据中心、全球变化科学研究数据出版系统以及台湾鱼类资料库和学术调查研究资料库等。这些数据中心的建立，不仅加强了对国内科学研究的数据支持，也为国际科学研究合作提供了宝贵的数据资源。

表2-2 国家科学数据中心

序号	国家平台名称	依托单位	主管部门
1	国家高能物理科学数据中心	中国科学院高能物理研究所	中国科学院
2	国家基因组科学数据中心	中国科学院北京基因组研究所	中国科学院
3	国家微生物科学数据中心	中国科学院微生物研究所	中国科学院
4	国家空间科学数据中心	中国科学院国家空间科学中心	中国科学院
5	国家天文科学数据中心	中国科学院国家天文台	中国科学院
6	国家对地观测科学数据中心	中国科学院遥感与数字地球研究所	中国科学院
7	国家极地科学数据中心	中国极地研究中心	自然资源部
8	国家青藏高原科学数据中心	中国科学院青藏高原研究所	中国科学院
9	国家生态科学数据中心	中国科学院地理科学与资源研究所	中国科学院

---

① 杨行，屈宝强，赫运涛，等.世界主要国家科学数据资源共享和管理的对比分析和启示[J].中国科技资源导刊，2016，48（6）：18-25.

续表

序号	国家平台名称	依托单位	主管部门
10	国家材料腐蚀与防护科学数据中心	北京科技大学	教育部
11	国家冰川冻土沙漠科学数据中心	中国科学院寒区旱区环境与工程研究所	中国科学院
12	国家计量科学数据中心	中国计量科学研究院	国家市场监督管理总局
13	国家地球系统科学数据中心	中国科学院地理科学与资源研究所	中国科学院
14	国家人口健康科学数据中心	中国医学科学院	国家卫生健康委员会
15	国家基础学科公共科学数据中心	中国科学院计算机网络信息中心	中国科学院
16	国家农业科学数据中心	中国农业科学院农业信息研究所	农业农村部
17	国家林业和草原科学数据中心	中国林业科学研究院资源信息研究所	国家林业和草原局
18	国家气象科学数据中心	国家气象信息中心	中国气象局
19	国家地震科学数据中心	中国地震台网中心	中国地震局
20	国家海洋科学数据中心	国家海洋信息中心	自然资源部

2.4 科技资源共享网络

科技资源是国家战略资源,并且已成为推动科学技术进步、实现经济跨越式发展和提升国家或地区综合实力的关键性因素[1]。科技资源必须共享已经成为科技界的共识,全球主要国家和地区在科技资源共享网络领域开展了建设实践,建成了各具特色的科技资源共享体系。

2.4.1 国外科技资源共享网络发展现状

1. 美国

美国为加快科技资源开放共享和开发利用,先后建立起功能强大的科技资源共享网络系统。在科技信息领域,具有代表性的平台有 seienee.gov,该平台于 2002 年 12 月建立,是美国 14 个政府部门的 18 个科技信息中心合作建设的科技门户,包含了极为丰富的美国政府科技信息资源,包括研究与开发报告、期刊引文、数据库、联邦网站等,汇集了来自各部门的大量公开免费的科技信息资源,是一个跨部门、研究开发成果的门户网站,集成了 1700 多万个科技网站信息。此外,在科研基础设施和仪器领域具有代表性的平台网络有科研基础设施信息展示(https://energy.gov/technologytransitions/maps/tech-transistions-facilities-datatable)、卫生健康领域平台(含商务)(https://nih.scientist.com)、材料专业平台(http://mrfn.org)、纳米专业平台(http://www.nnci.net)[2]。

---

[1] 张绍丽,郑晓齐,张辉,等.科技资源共享网络模式创新与实践——以中国科技资源共享网为例[J].科技管理研究,2018,38(13):43-52.
[2] 王晋,杨景涛,刘瑞,等.欧美等发达国家科研基础设施与大型仪器平台的建设与启示[J].中国科技资源导刊,2019,51(1):20-26.

2. 英国

从1996年施行电子图书馆计划起,英国科技资源发展逐渐加快[①]。英国在强化国内科技资源共享的同时,注重通过与其他国家的合作扩大科技资源共享网络规模。在学科信息领域,具有代表性的共享网络有Intute网站和全球科技资源网站。其中Intute网站是由英国70多个教育和研究机构共同参与建设的大型资源网站,连接了8万多个专业网站资源,具有搜索引擎强大、涵盖范围广两大特点。Intute网站共建立了社会科学类,工程、数学与计算科学类,健康与生命科学类,物理科学类,人文科学类,工艺美术类,休闲娱乐体育旅游类和地理环境类等8个著名的学科信息资源门户。在科研基础设施和仪器领域,具有代表性的平台网络有国家大学仪器平台（https://equipment.data.ac.uk）、大学联盟仪器平台（http://www.n8research.org.uk）。

3. 欧盟

欧盟主要成员国的科技资源都很丰富,具有代表性的共享网络有欧洲灰色文献信息系统和科研信息共享电子基础设施。为推进科技资源信息的互联与共享,欧洲灰色文献信息系统（SIGLE）于1980年2月成立,涵盖科学、技术、经济、社会和人文科学等多个领域,数据库信息由英国、德国、法国、意大利、俄罗斯、西班牙、比利时等国家与组织提供。科研信息共享电子基础设施（e-infrastructure）平台于2015年10月由欧盟委员会"地平线2020"科研规划中提出建设,关注开放科研数据、科研教育网络、高性能计算和大数据创新等内容。在科研基础设施和仪器领域具有代表性的平台网络有仪器、服务、专家平台（https://portal.meril.eu/meril）。

4. 日本

日本政府重视科技资源共享,持续推进科技资源在"产、学、研"各环节

[①] 张绍丽,郑晓齐,张辉.欧美和日本科技资源共享网络典型模式的建设[J].中国科技资源导刊,2020,52(6):35-42.

之间的共享与互动[①]，建立了科技文献网络信息化系统，并于2013年针对财政资金资助的学术论文资源发布了共享政策，推动依托日本科研课题所产出的期刊论文在网络上免费共享。在科研基础设施和仪器领域具有代表性的平台网络有生物、化学领域的全国仪器共享平台（https://chem-eqnet.ims.ac.jp）、纳米专业平台（http://nanonet.mext.go.jp）。

2.4.2 国内科技资源共享网络发展现状

改革开放以来，我国高度重视科技基础条件平台建设，相继发布了很多关于科技信息资源共享的政策文件。早在2004年，国家就出台了《2004—2010年国家科技基础条件平台建设纲要》，提出要搭建具有公益性、基础性、战略性的国家科技基础条件平台。2006年2月，国务院发布的《国家中长期科学和技术发展规划纲要（2006—2020年）》，再次明确提出要加强科技基础条件平台建设和建立科技基础条件平台的共享机制，其中科学数据与信息平台的建设是重要内容之一。2012年9月，国务院发布《关于深化科技体制改革 加快国家创新体系建设的意见》，指出要强化科技资源开放共享，整合各类科技资源，推进大型科学仪器设备、科技文献、科学数据等科技基础条件平台建设[②]。在已建设的各类科技资源共享网络平台中，比较有代表性的是中国科技资源共享网和国家科技图书文献中心。

1. 中国科技资源共享网

为响应国家强化科技基础条件平台建设的政策，2009年科学技术部联合财政部正式推出了国家科技基础条件平台的官方门户——中国科技资源共享网，此举标志着全国范围内科技资源的导航及检索服务的正式实现。中国科技

---

① 吴松强，沈馨怡，刘晓宇，等.发达国家科技资源共享的经验与借鉴[J].实验室研究与探索，2014，33（6）：139-143.

② 周宏虹，伍诗瑜.我国科技信息资源共享平台建设现状[J].科技管理研究，2019，39（5）：174-178.

资源共享网作为国家科技基础条件平台的重要组成部分，汇聚了全国科技基础条件平台建设的优质资源与成果，面向全社会开放，致力于运用现代信息技术向科研工作者及公众提供全面的科技资源信息服务，进而促进科技资源的高效配置与综合利用。该网站遵循"整合、共享、完善、提高"的建设方针，按照统一的标准规范，整合了大型科研仪器与设施、自然科技资源、研究实验基地、科学数据、科技文献、科普资源等六大领域资源信息，共约600万条记录，总数据量超过1000TB。此外，网站涵盖了37个国家部门、560多个国家重点实验室、国家工程技术研究中心、国家大型科学仪器中心以及野外科学观测研究站等资源信息。中国科技资源共享网还与北京、上海、广东等地方性共享服务平台网站相连，实现了跨部门、跨地域、跨领域科技资源信息的整合与共享[①]。

2. 国家科技图书文献中心

国家科技图书文献中心（NSTL），是经国务院批准，由科学技术部、财政部等六部门于2000年6月12日协同设立的网络型科技文献信息资源服务机构。NSTL由中国科学院文献情报中心等九个专业文献信息机构组成，旨在响应国家科技发展需求，实现对理学、工学、农学、医学等学科领域科技文献资源的采集、收藏与开发，面向全国提供科技文献信息服务，促进科技文献资源的深入挖掘及数字化应用。经过多年的发展，NSTL已建设成为我国拥有外文印本科技文献资源最多的机构，收藏超过25 000种外文文献，其中外文科技期刊17 000余种。此外，NSTL提供了近12 000种外文现刊的网络版本。在中文电子图书方面，收藏量达23万余册，涵盖了自然科学、工程技术、农业科技和医药卫生等四大领域的100多个学科和专业[②,③]。

---

① 张绍丽，郑晓齐，张辉，等.科技资源共享网络模式创新与实践——以中国科技资源共享网为例[J].科技管理研究，2018，38(13)：43-52.
② 刘顺利，李振奇.我国科技文献资源布局研究[J].科技管理研究，2011，31(8)：224-226.
③ 彭以祺.传承发展 续写辉煌——隆重纪念国家科技图书文献中心成立二十周年[J].数字图书馆论坛，2020，194(7)：1-2.

第三章

广东省科技基础条件资源建设现状与共享指数分析

本章对广东省科技基础条件资源数据进行了详细分析，包括全省大型科研仪器、生物种质与实验材料等科技基础条件资源的建设与利用情况，还针对省实验室购置的大型科研仪器进行专项研究。除以上调查数据分析内容外，本章还介绍了在粤大科学装置、科学数据中心、野外科学观测研究站等科技基础条件平台的建设与共享情况。

3.1 大型科研仪器概况

在纳入调查的225家法人单位中，拥有大型科研仪器的管理单位共有190家。本节将对这些管理单位拥有的12 197台（套）大型科研仪器的分布、购置、利用及共享情况进行分析，多方面展现广东省大型科研仪器的使用情况。

3.1.1 大型科研仪器管理单位情况[①]

高等学校是大型科研仪器的主要管理单位。广东省拥有大型科研仪器管理单位190家，其中高等学校31家，占管理单位总数的比重为16.32%；拥有大型科研仪器7050台（套），占大型科研仪器总数的比重为57.80%。科研院所122家，占比为64.21%；拥有大型科研仪器3785台（套），占比为31.03%。其他单位37家，占比为19.47%；拥有大型科研仪器1362台（套），占比为11.17%（表3-1）。此外，拥有的大型科研仪器的数量不低于100台（套）的单位共29家，其中高等学校的数量（16家）远多于科研院所（6家）和其他单位（7家）。

广东省内中央直属高等学校和科研院所拥有的大型科研仪器占比较高。31家高等学校中，3家（约占高校总数的9.7%）中央直属高等学校拥有大型科研仪器2268台（套），占高等学校所拥有的大型科研仪器总数的32.17%；122家

[①] "单位属性"主要包括高等学校、科研院所、企业、其他。其中，"高等学校"指国务院有关部门或省、自治区、直辖市所属的普通高等学校、成人高等学校和民办高校；"科研院所"指独立的科学研究与技术开发机构；"企业"包括按国有控股企业、民营企业、其他企业；不属于上述类型的单位均列入"其他"。

科研院所中，19家中央直属科研院所拥有大型科研仪器1215台（套），占科研院所所拥有的大型科研仪器总数的比重为32.10%。

表3-1 大型科研仪器管理单位情况

单位类型	单位数量/家	单位数量占比	仪器数量/台（套）	仪器数量占比	总原值/万元	总原值占比
高等学校	31	16.32%	7050	57.80%	1 099 855.91	58.85%
科研院所	122	64.21%	3785	31.03%	557 330.76	29.82%
其他	37	19.47%	1362	11.17%	211 810.19	11.33%
合计	190	100%	12197	100%	1 868 996.87	100%

3.1.2 大型科研仪器按原值区间分布的情况

大型科研仪器按单台（套）原值区间分布的情况见表3-2、图3-1和图3-2。单台（套）原值为50万（含）～100万元的仪器有7068台（套），约占总数的57.95%。单台（套）原值为100万（含）～200万元的仪器有2975台（套），约占总数的24.39%。原值在200万元及以上的仪器有2154台（套），约占总数的17.66%。

表3-2 大型科研仪器单台（套）原值及数量情况

原值范围	数量/台（套）	数量占比/%	总原值/万元	总原值占比/%	平均单台（套）原值/万元
50万（含）～100万元	7068	57.95	495 611.00	26.52	70
100万（含）～200万元	2975	24.39	426 559.04	22.82	143
200万（含）～300万元	1091	8.94	271 168.06	14.51	249
300万（含）～400万元	461	3.78	159 569.62	8.54	346

续表

原值 范围	数量/台（套）	数量 占比/%	总原值/ 万元	总原值 占比/%	平均单台（套） 原值/万元
400万（含）～500万元	239	1.96	106 270.96	5.69	445
500万元及以上	363	2.98	409 818.20	21.93	1129

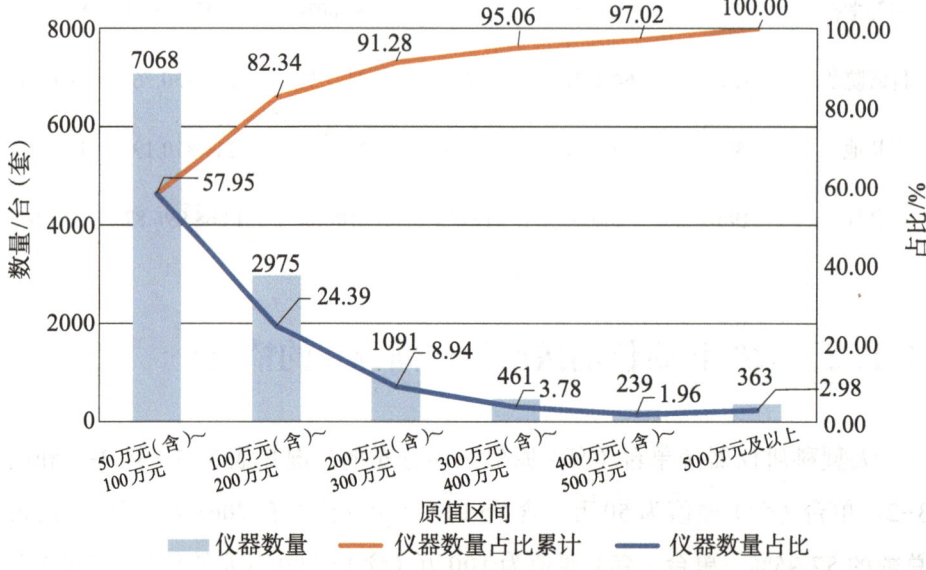

图3-1 大型科研仪器数量按原值区间分布的情况

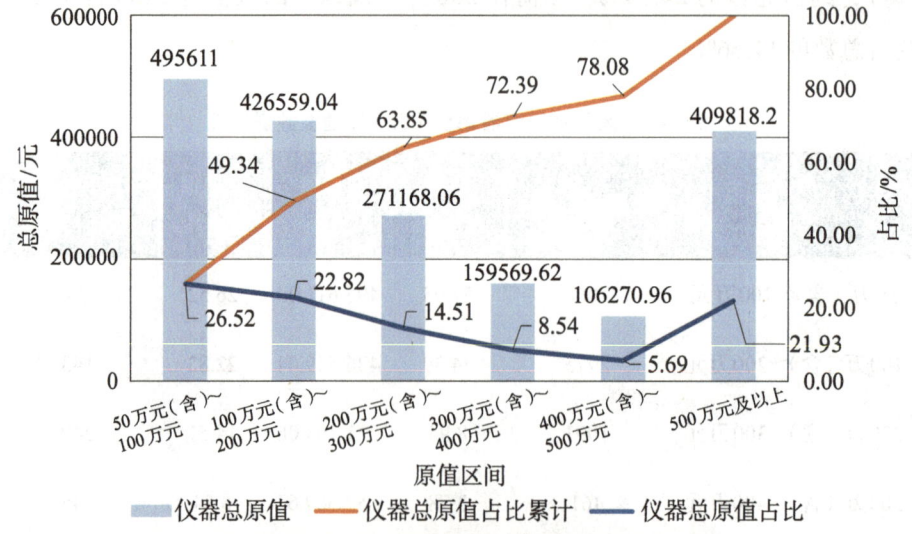

图3-2 大型科研仪器总原值按原值区间分布的情况

3.1.3 大型科研仪器按类型分布的情况[①]

对广东省纳入重大基础设施与大型科研仪器国家网络管理平台上的7412台（套）大型科研仪器按大类划分[②]，可以得出分析仪器的数量和总原值最多，分别为3809台（套）和547 447.61万元，占比分别为51.39%和50.22%。其次是工艺实验设备，数量和总原值分别为662台（套）和98 439.08万元，占比分别为8.93%和9.03%。医学诊断仪器排名第三，数量和总原值分别为427台（套）和75 042.95万元，占比分别为5.76%和6.88%。天文仪器数量最少，仅有8台（套），总原值为1985.92万元，占比分别为0.11%和0.18%。地球探测仪器、天文仪器和海洋仪器平均单台（套）原值分别为264.01万元、248.24万元和205.64万元，远高于平均值（147.09万元）（表3-3、图3-3）。

表3-3 大型科研仪器按大类分布

仪器类型	仪器数量/台（套）	数量占比/%	总原值/万元	总原值占比/%	平均单台（套）原值/万元
分析仪器	3809	51.39	547 447.61	50.22	143.72
工艺实验设备	662	8.93	98 439.08	9.03	148.70
医学诊断仪器	427	5.76	75 042.95	6.88	175.74
物理性能测试仪器	364	4.91	42 758.86	3.92	117.47
电子测量仪器	313	4.22	50 350.46	4.62	160.86
计量仪器	239	3.22	27 935.87	2.56	116.89
海洋仪器	149	2.01	30 639.71	2.81	205.64
特种检测仪器	79	1.07	9315.02	0.85	117.91

---

① 此部分数据来源：重大基础设施与大型科研仪器国家网络管理平台汇交数据。
② 大型科研仪器大类为15类：分析仪器、计量仪器、工艺实验设备、计算机及其配套设备、物理性能测试仪器、电子测量仪器、特种检测仪器、医学诊断仪器、地球探测仪器、激光器、海洋仪器、核仪器、大气探测仪器、天文仪器、其他仪器。

续表

仪器类型	仪器数量/台（套）	数量占比/%	总原值/万元	总原值占比/%	平均单台（套）原值/万元
大气探测仪器	65	0.88	8403.96	0.77	129.29
激光器	59	0.80	7424.29	0.68	125.84
地球探测仪器	40	0.54	10 560.59	0.97	264.01
核仪器	35	0.47	4010.86	0.37	114.60
天文仪器	8	0.11	1985.92	0.18	248.24
其他仪器	1163	15.69	175 888.15	16.13	151.24
总计	7412	100	1 090 203.33	100	147.09

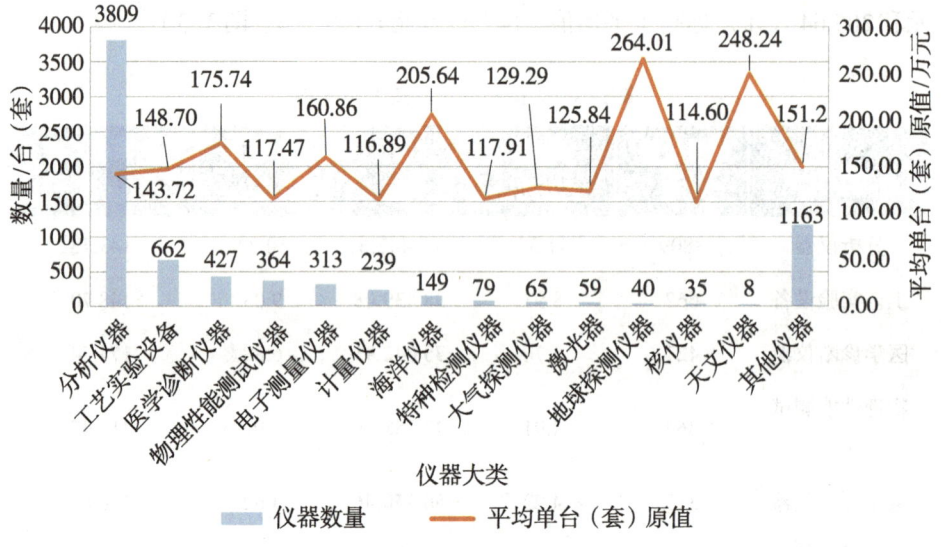

图3-3 大型科研仪器按大类分布情况

原值为50万（含）～200万元的分析仪器有3081台（套），占比为80.89%；原值为200万（含）～500万元的分析仪器有630台（套），占比为16.54%；原值为500万（含）～1000万元的分析仪器有80台（套），占比为2.10%；1000万元及以上的分析仪器数量较少，只有18台，占比为0.47%（图3-4）。

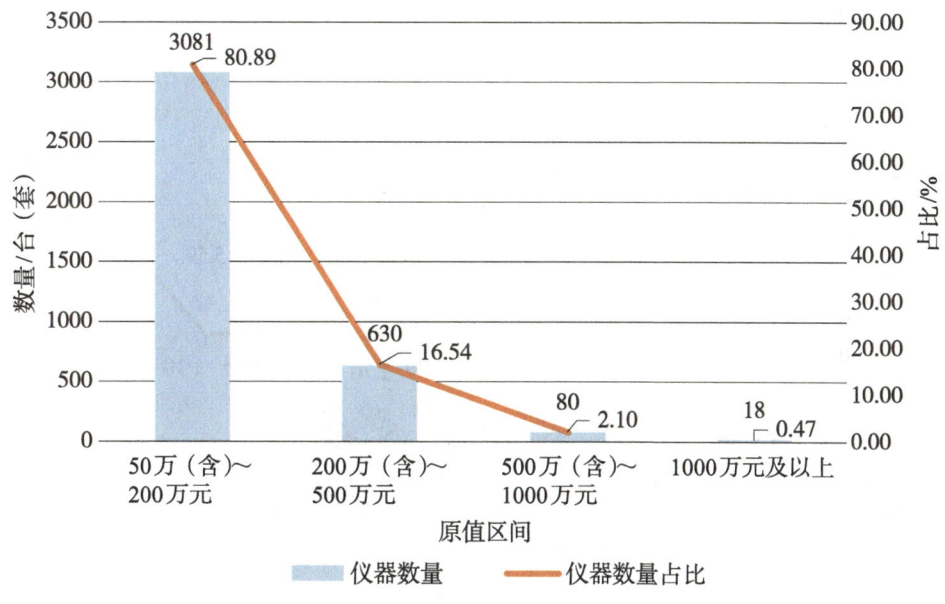

图3-4 分析仪器按原值区间分布的数量和占比

按中类划分，分析仪器中数量排名前二的依次为生化分离分析仪器和质谱仪器，其数量和占比分别为791台（套）和20.77%、585台（套）和15.36%。色谱仪器、光谱仪器、显微镜及图像分析仪器的数量分别为520台（套）、467台（套）和419台（套），占比分别为13.65%、12.26%和11.00%。其他类型的分析仪器数量较少，占比均低于10%（图3-5和图3-6）。

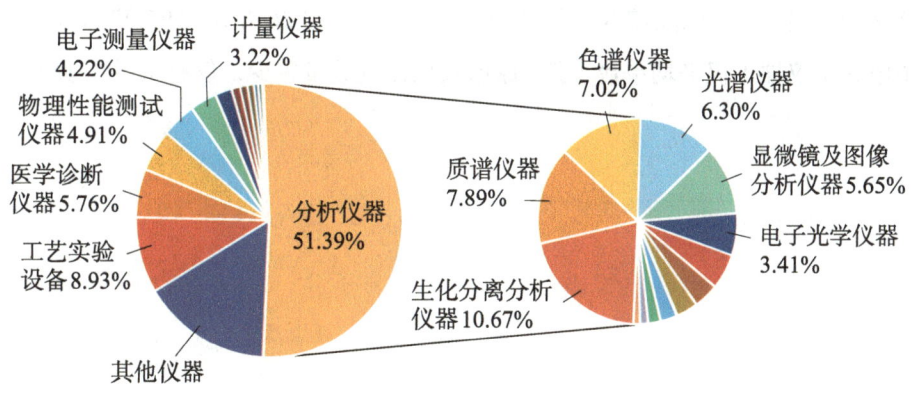

图3-5 分析仪器的中类及其在大型科研仪器的占比

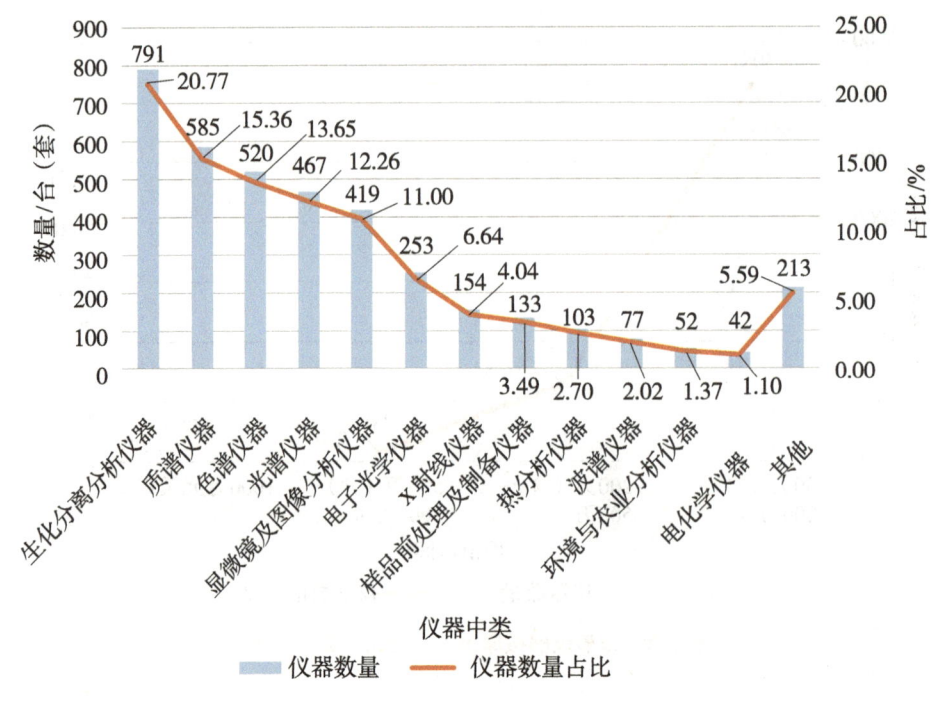

图3-6 不同中类的仪器数量及其占比情况

按中类划分，分析仪器中波谱仪器、电子光学仪器和质谱仪器的平均单台（套）原值较高，分别为297.82万元、207.64万元和205.50万元（图3-7），其中波谱仪器数量较少，仅有77台（套），而质谱仪器不仅平均单台（套）原值较高而且数量较多（表3-4）。电化学仪器、色谱仪器和样品前处理及制备仪器平均单台（套）原值较低，分别为77.74万元、90.26万元和95.97万元。其中电化学仪器不仅平均单台（套）原值较低而且数量较少，仅有42台（套）。

第三章 广东省科技基础条件资源建设现状与共享指数分析

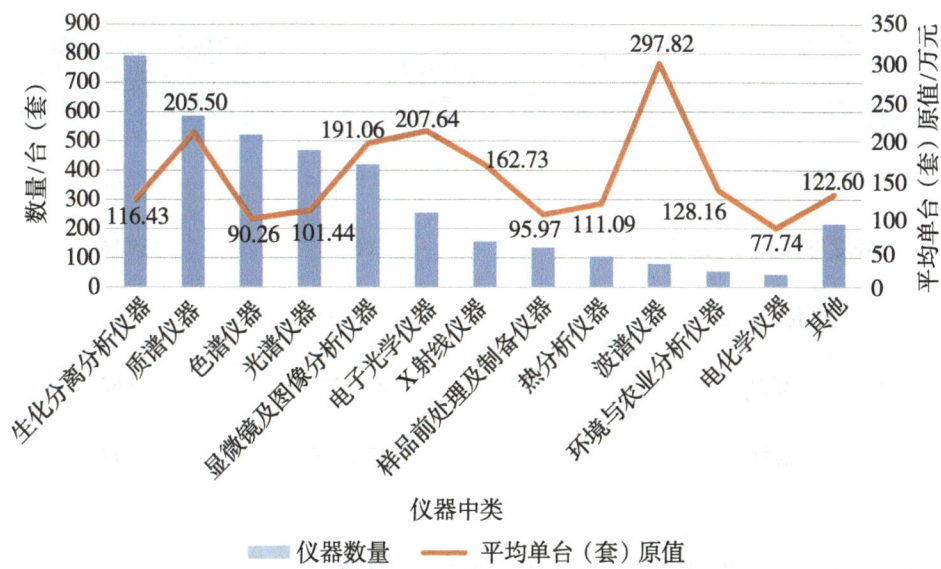

图3-7 不同中类的仪器数量和平均单台（套）原值

表3-4 分析仪器的中类及其原值情况

仪器中类	仪器数量/台（套）	总原值/万元	平均单台（套）原值/万元
生化分离分析仪器	791	92 098.02	116.43
质谱仪器	585	120 216.94	205.50
色谱仪器	520	46 932.77	90.26
光谱仪器	467	47 373.33	101.44
显微镜及图像分析仪器	419	80 053.08	191.06
电子光学仪器	253	52 532.73	207.64
X射线仪器	154	25 059.66	162.73
样品前处理及制备仪器	133	12 764.13	95.97
热分析仪器	103	11 442.69	111.09

续表

仪器中类	仪器数量/台（套）	总原值/万元	平均单台（套）原值/万元
波谱仪器	77	22 932.11	297.82
环境与农业分析仪器	52	6664.18	128.16
电化学仪器	42	3264.99	77.74
其他	213	26 112.98	122.60
总计	3809	547 447.61	143.72

3.1.4 大型科研仪器按区域分布的情况[①]

广东省大型科研仪器主要集中分布于珠三角地区。所调查的12 197台（套）大型科研仪器呈现集聚分布状态。其中，珠三角地区有11 470台（套）（占比94.04%），远多于粤东西北地区的727台（套）（占比5.96%），仪器分布区域差异化明显。在珠三角地区，广州市、深圳市的仪器数量较多，分别为6845台（套）和3706台（套），合计占珠三角地区的91.99%、占全省的86.50%，远超其他地市总和；江门、中山、肇庆仪器数量较少，分别为47台（套）、44台（套）、4台（套），合计占珠三角地区的0.83%、占全省的0.78%。在粤东西北地区，湛江、汕头的仪器数量较多，分别为235台（套）和161台（套），合计占粤东西北地区的54.47%、占全省的3.25%；阳江仪器数量最少，仅有17台（套），占粤东西北地区的2.34%、占全省的0.14%（表3-5）。

---

① 部分大型科研仪器安放的地市与其管理单位所在地市不一致，鉴于此种情况较少，本部分将管理单位所在地市视为大型科研仪器所在地市。

表3-5 大型科研仪器按管理单位所在区域分布情况

所在区域	仪器数量/台（套）	占比/%	所在区域	仪器数量/台（套）	占比/%
广州市	6845	56.12	中山市	44	0.36
深圳市	3706	30.38	梅州市	42	0.34
东莞市	333	2.73	揭阳市	34	0.28
湛江市	235	1.93	汕尾市	34	0.28
佛山市	195	1.60	河源市	30	0.25
珠海市	166	1.36	潮州市	27	0.22
汕头市	161	1.32	云浮市	27	0.22
惠州市	130	1.07	清远市	19	0.16
韶关市	52	0.43	阳江市	17	0.14
茂名市	49	0.40	肇庆市	4	0.03
江门市	47	0.39	合计	12 197	100

高等学校和科研院所是大型科研仪器的主要管理者，广深地区拥有全省最多的高等学校和科研院所。截至2020年底，拥有大型科研仪器的190家管理单位中，广州市有87家（占比45.79%），其中高等学校12家、科研院所65家、其他类型科研单位10家，平均每家单位的仪器数量分别为341台（套）、34台（套）以及53台（套）。深圳市有51家（占比26.84%），其中高等学校8家、科研院所25家、其他类型科研单位18家，平均每家单位的仪器数量分别为293台（套）、32台（套）以及31台（套）。其他19个地市拥有大型科研仪器的管理单位数量合计52家（占比27.37%），其中高等学校11家、科研院所32家、其他类型科研单位9家，平均每家单位的仪器数量分别为56台（套）、23台（套）以及31台（套），相应数据均远小于广州和深圳（表3-6）。

表3-6 大型科研仪器管理单位在各地市的分布情况

地市	高等学校			科研院所			其他		
	法人单位数量/家	仪器数量/台（套）	平均每家单位仪器数量/台（套）	法人单位数量/家	仪器数量/台（套）	平均每家单位仪器数量/台（套）	法人单位数量/家	仪器数量/台（套）	平均每家单位仪器数量/台（套）
广州市	12	4088	341	65	2223	34	10	534	53
深圳市	8	2342	293	25	812	32	18	552	31
东莞市	1	161	161	2	61	31	2	111	56
湛江市	2	140	70	6	95	16	0	0	—
佛山市	1	88	88	2	28	14	2	79	40
珠海市	0	0	—	2	102	51	2	64	32
汕头市	2	157	79	1	4	4	0	0	—
惠州市	1	23	23	3	107	36	0	0	—
韶关市	1	10	10	2	42	21	0	0	—
茂名市	1	21	21	2	28	14	0	0	—
江门市	0	0	—	2	47	24	0	0	—
中山市	0	0	—	1	44	44	0	0	—
梅州市	1	16	16	1	26	26	0	0	—
揭阳市	0	0	—	1	31	31	1	3	3
汕尾市	0	0	—	1	30	30	1	4	4
河源市	0	0	—	1	15	15	1	15	15
潮州市	0	0	—	2	27	14	0	0	—
云浮市	0	0	—	1	27	27	0	0	—
清远市	0	0	—	1	19	19	0	0	—
阳江市	0	0	—	1	17	17	0	0	—
肇庆市	1	4	4	0	0	—	0	0	—
总计	31	7050	227	122	3785	31	37	1362	37

3.1.5　大型科研仪器取得方式

广东省大型科研仪器以购置为主。在标记有"取得方式"[①]的12 166台（套）大型科研仪器中，经购置取得的仪器占绝大多数，为11 643台（套），总原值为1 795 415.74万元，占比分别为95.70%和96.47%，平均单台（套）仪器原值较高，为154.21万元；自研设备数量最少，仅有1台（套），占比0.01%，仪器总原值为189.45万元；经调拨、赠送和盘盈取得的仪器数量和原值较少，分别为144台（套）和19 407.95万元，占比分别为1.19%和1.05%，其中经盘盈取得的仪器平均单台（套）原值最低，仅为86.57万元；其他类型仪器的数量和总原值分别为378台（套）和46 046.28万元，占比分别为3.11%和2.47%，平均单台（套）仪器原值为121.82万元（表3-7）。

表3-7　大型科研仪器按取得方式分布的情况

取得方式	仪器数量/台（套）	仪器数量占比/%	仪器总原值/万元	仪器总原值占比/%	平均单台（套）原值/万元
购置	11 643	95.70	1 795 415.74	96.47	154.21
调拨	125	1.03	16 931.87	0.91	135.45
赠送	13	0.11	1956.68	0.11	150.51
盘盈	6	0.05	519.40	0.03	86.57
研制	1	0.01	189.45	0.01	189.45
其他	378	3.11	46 046.28	2.47	121.82
合计	12 166	100	1 861 059.43	100	152.97

按管理单位划分，高等学校是大型科研仪器的主要管理单位，共拥有7024台（套），占比为57.73%，其中以购置取得的仪器为主，共有6711台（套），占高等学校仪器总数的95.54%；取得方式为赠送、盘盈、研制的仪器累计17台（套），占高等学校仪器的0.24%。科研院所拥有大型科研仪器2230

---

① 取得方式：根据获取仪器设备的途径，可分为购置、调拨、赠送、盘盈、研制、其他。

台（套），占比为18.33%，其中取得方式为购置的仪器有2130台（套），占科研院所仪器的95.52%；取得方式为调拨的仪器有44台（套），占科研院所仪器的1.97%（表3-8）。

表3-8　各类型管理单位的大型科研仪器按取得方式分布的情况

取得方式	高等学校仪器数量	高等学校仪器数量占比/%	科研院所仪器数量	科研院所仪器数量占比/%	其他性质单位仪器数量	其他性质单位仪器数量占比/%	合计
购置	6711	95.54	2130	95.52	2802	96.22	11643
调拨	0	0.00	44	1.97	81	2.78	125
赠送	12	0.17	1	0.04	0	0.00	13
盘盈	4	0.06	1	0.04	1	0.03	6
研制	1	0.01	0	0.00	0	0.00	1
其他	296	4.21	54	2.42	28	0.96	378
合计	7024	100	2230	100	2912	100	12 166

3.1.6　大型科研仪器利用情况

广东省12 197台（套）大型科研仪器年有效工作机时[①]为1428万小时，平均单台（套）科研仪器年有效工作机时为1171小时，平均利用率[②]为73.19%。其中，标记为"使用状态"的大型科研仪器有11 220台（套），现对此部分仪器进行分析。

按照使用状态划分，处于"可使用"状态的仪器的数量和总原值分别为11 133台（套）和173.78亿元，占比分别为99.22%和99.37%，平均单台（套）仪器原值为156.09万元；处于"待处置"状态的仪器的数量和总原值分别为60台（套）和7909.04万元，占比分别为0.53%和0.45%，平均单台（套）仪器

---

① 年有效工作机时=仪器设备必要的开机时间+测试时间+必要的后处理时间。
② 利用率=年有效工作机时/1600小时×100%，1600小时（8小时×200天）为仪器设备的额定机时。

原值为131.82万元；处于"闲置"状态的仪器数量和总原值分别为27台（套）和3141.55万元，占比分别为0.24%和0.18%，平均单台（套）仪器原值为116.35万元（表3-9）。

表3-9 大型科研仪器按使用状态分布的情况

使用状态	仪器数量/台（套）	仪器数量占比/%	仪器总原值/万元	仪器总原值占比/%	平均单台（套）仪器原值/万元
可使用	11 133	99.22	17 377 77.28	99.37	156.09
待处置	60	0.53	7909.04	0.45	131.82
闲置	27	0.24	3141.55	0.18	116.35
合计	11220	100	1 748 827.88	100	155.87

广东省大型科研仪器年运行机时主要在1000小时以内。处于"可使用"状态的11133台（套）大型科研仪器的年运行机时共计1371万小时，平均单台（套）仪器运行1231小时，平均利用率为76.94%。年运行机时为0小时的仪器共有741台（套），占比6.66%。年运行机时为0～1000（含）小时的仪器共有6817台（套），占比61.23%；平均单台（套）仪器运行425.9小时，平均利用率仅为26.62%。年运行机时为1000～2000（含）小时的仪器共有1829台（套），占比16.43%；平均单台（套）仪器运行1333.7小时，平均利用率为83.36%。年运行机时为2000～3000（含）小时的仪器有362台（套），占比3.25%；平均单台（套）仪器运行2420.8小时，平均利用率为151.3%。年运行机时在3000小时以上的仪器共有1384台（套），占比12.43%；平均单台（套）仪器运行5410.3小时，平均利用率为338.14%（图3-8）。

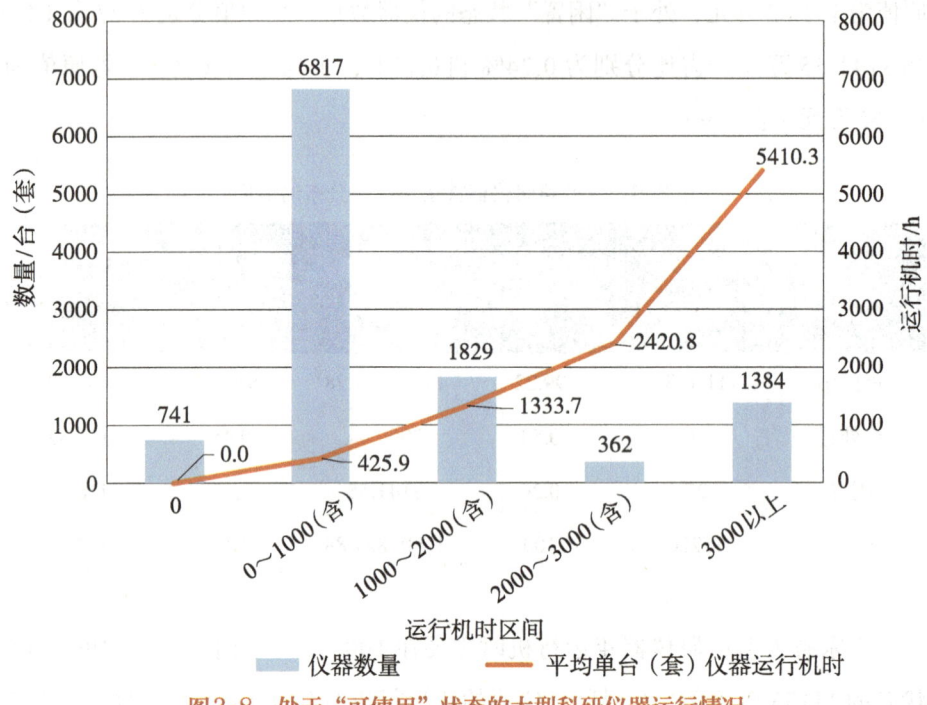

图3-8 处于"可使用"状态的大型科研仪器运行情况

3.1.7 大型科研仪器共享情况

广东省12 197台（套）大型科研仪器2020年度对外服务机时共计278万小时，平均单台（套）科研仪器对外服务机时为228小时。在使用状态为"可使用"的11 220台（套）大型科研仪器中，可用于开放共享的有8995台（套），占比为80.17%，其中7412台（套）被纳入重大基础设施与大型科研仪器国家网络管理平台，占比为82.4%；不能用于提供对外共享服务的大型科研仪器有2225台（套），占比为19.83%。

在可用于提供对外共享服务的8995台（套）仪器中，高等学校有5707台（套）、科研院所有2516台（套）、其他单位有772台（套）（图3-9）。

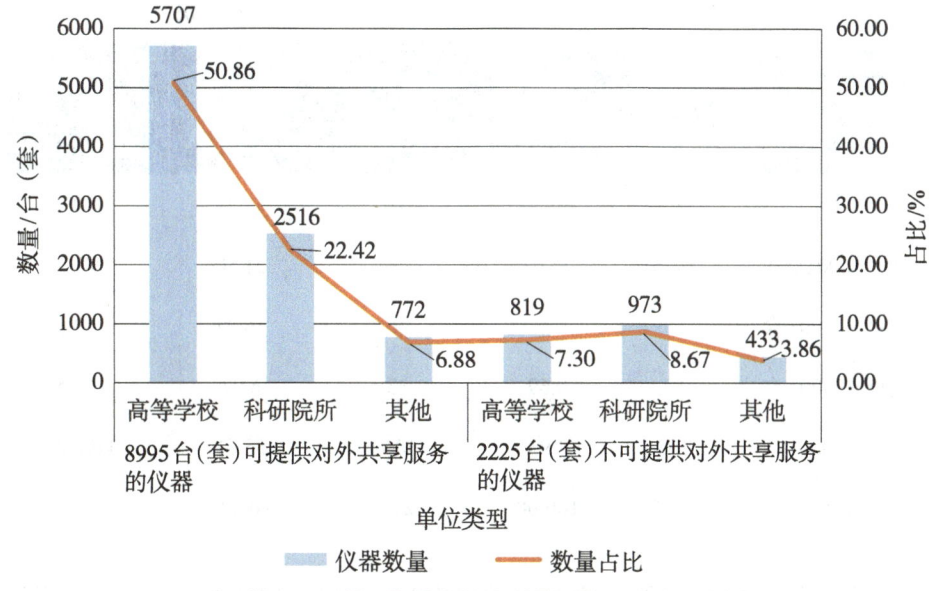

图3-9 处于"可使用"状态的大型科研仪器的对外共享情况

可对外提供共享服务的8995台（套）大型科研仪器中，60.57%的仪器未能实现开放共享，还有32.63%的仪器年平均共享服务机时少于1000小时。可用于对外共享服务的8995台（套）大型科研仪器的对外服务总机时约为214万小时，平均单台（套）仪器对外服务机时为237.5小时。从对外服务机时来看，对外服务机时为0小时的仪器有5448台（套），占比60.57%，所占比重最高。对外服务机时为0～1000（含）小时的有2935台（套），占比32.63%，累计对外服务机时为46万小时，占比21.57%；平均单台（套）仪器对外服务机时为157.0小时，共享率较低。对外服务机时为1000～2000（含）小时的有286台（套），占比3.18%；累计对外服务机时为36万小时，占比16.64%；平均单台（套）仪器对外服务机时为1243.0小时，共享率较高。对外服务机时为2000～3000（含）小时的有62台（套），占比0.69%；累计对外服务机时为13万小时，占比6.24%；平均单台（套）仪器对外服务机时为2149.5小时，共享率很高。对外服务机时为3000小时以上的有264台（套），占比2.93%；累计对外服务机时高达119万小时，占比55.56%；平均单台（套）仪器对外服务机时为4496.2小时，共享率非常高（表3-10）。

表3-10　具有开放条件的大型科研仪器对外服务机时情况

对外服务机时区间/小时	仪器数量/台（套）	仪器数量占比/%	对外服务机时/万小时	对外服务机时占比/%	平均单台（套）仪器对外服务机时/小时
0	5448	60.57	0.0	0.00	0.0
0~1000（含）	2935	32.63	46	21.50	157.0
1000~2000（含）	286	3.18	36	16.82	1243.0
2000~3000（含）	62	0.69	13	6.07	2149.5
>3000	264	2.93	119	55.61	4496.2
合计	8995	100.00	214	100.00	237.5

不能提供对外共享服务的2225台（套）大型科研仪器中，由于特殊管理规定而不能对外共享的仪器有686台（套）；因作为不具备独立功能的配件而不能对外共享的仪器有301台（套），占比13.53%；处于调试状态的仪器、老旧仪器以及在线连续监测仪器的数量分别为148台（套）、132台（套）和96台（套），占比合计16.89%；由于其他因素而不能对外共享的仪器的数量为862台（套），占比为38.74%（图3-10）。

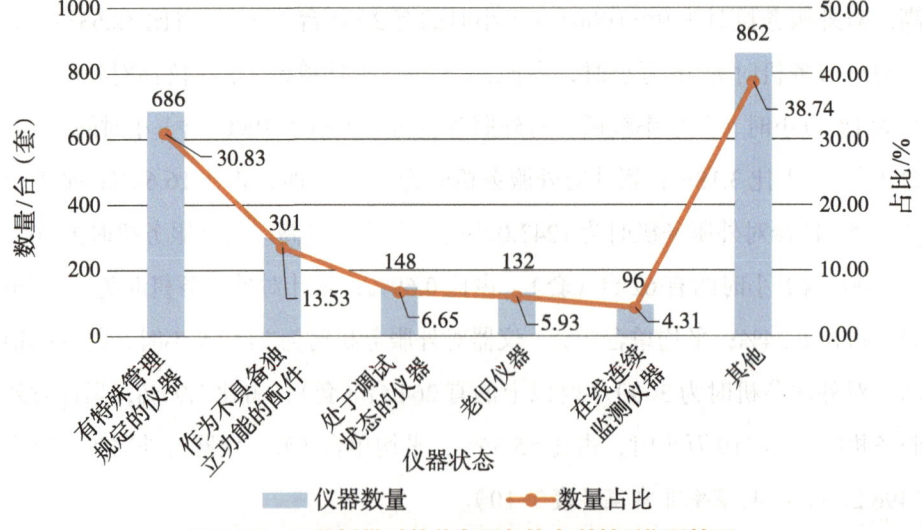

图3-10　不能提供对外共享服务的大型科研仪器情况

3.1.8 支持建设的主要做法

科研设施与仪器等科技资源共享是进一步深化产学研合作、为实施创新驱动发展战略提供有效支撑的重要举措，是解决科技资源不平衡不充分问题的重要抓手，并影响着区域创新环境。自2015年作为全国首批科研设施与仪器开放共享试点省以来，广东省在推动科研设施与仪器开放共享工作方面取得了一定成效，以下是支持该共享工作的主要做法。

1. 出台政策，建立全省制度体系

《广东省自主创新促进条例》作为全国第一部规范促进自主创新活动的地方性法规，于2012年3月1日正式施行，为科研设施与仪器开放共享提供了法律依据。《广东省人民政府促进大型科学仪器设施开放共享的实施意见》（粤府函〔2015〕347号）、《关于深化职称制度改革的实施意见》（粤办发〔2017〕52号）、《广东省人民政府印发关于进一步促进科技创新若干政策措施的通知》（粤府〔2019〕1号）等相继出台，解决了仪器共享服务收入与分配、实验技术人员正高级职称设置等问题。为推动实施创新驱动发展战略，进一步提高科技资源利用效率，广东省科学技术厅于2023年印发《〈广东省科学技术厅关于深入推进重大科研基础设施与大型科研仪器开放共享若干措施〉的通知》（粤科规范字〔2023〕2号），明确管理单位应当对拟使用省级财政资金和省属国有资本新购的大型科研仪器开展查重评议。广东省科学技术厅组织开放共享评价考核并实施相应的奖惩措施，促进了科技资源开放共享，营造良好创新创业环境。此外，为发挥科研设施与仪器共享服务载体作用，广东省实验室、广东省重点实验室、广东省工程中心等在相应的管理办法中明确要求科研设施与仪器开放共享。

2. 优化项目流程，促进资源高效利用

在项目立项环节，为落实粤科规范字〔2023〕2号文件"使用省级财政资金新购大型科研仪器应当开展查重评议"的要求，提高科技资源利用效率，广

东省科学技术厅发布了《广东省科学技术厅关于使用广东省科技创新战略专项资金新购大型科研仪器设备开展查重评议的工作指引（试行）》，自2024年1月1日起试行，有效期1年。文件指出凡申请获得2024年度省科技创新战略专项资金支持且拟使用省级财政资金购置大型科研仪器设备的法人单位，应当履行查重主体责任，根据拟购置大型科研仪器设备单台（套）价格，确定查重范围为申购单位内部或申购单位所在市，并在提交任务书时，应同时提交《大型科研仪器设备购置查重申请表》和《大型科研仪器设备查重评议报告》。通过新购大型科研仪器设备查重评议工作，从源头上解决了大型科研仪器设备大量重复带来的资源利用率不高的问题。在项目验收环节，自2021年，广东省科学技术厅所发布的广东省平台基地及科技基础条件建设项目申报通知中，明确要求野外科学观测研究站、科学数据中心、生物种质资源库、专项科学考察等项目完成后所形成的科技资源须开放共享。

3. 开展设备租赁试点，解决不充分不平衡问题

广东省人民政府办公厅于2023年10月发布了《关于在我省教育、科技、卫生健康等领域开展设备租赁试点的工作方案》以及在教育领域、科技领域、卫生健康领域开展试点的具体方案。该试点工作是全面贯彻落实党的二十大精神，落实省委"1310"具体部署，深入推进"百县千镇万村高质量发展工程"，优化财政资金使用方式的具体举措，将充分利用广东省制造业基础好、龙头企业实力较强，尤其设备采购量大的优势。2023年省级相关机构开展试点工作。相关机构通过财政资金取得，且通过租赁方式不影响公共服务供给的设备，原则上均纳入租赁服务，做到应租尽租。该方案还指出"供需双方按照市场化、法治化原则开展设备租赁合作，相关机构依法遴选设备租赁服务供应商或设备制造商"。该试点工作扎实推进，在教育领域、科技领域、卫生健康领域明确了具体试点单位和设备范围，制定了工作安排。在教育领域，相关部门遴选了3所高校作为试点单位，设备范围为单价或批量总价为40万元以上的、通过财政性资金取得并通过租赁方式配置不影响学校基本公共服务的设施设备；在科技领域，相关部门遴选了3家科研机构作为试点单位，设备范围为

科研机构计划使用本级财政稳定性支持经费购置单台（套）价值50万元（含）以上且通用性较强的科研仪器设备；在卫生健康领域，相关部门遴选了2家医院作为试点单位，设备范围为除大型医用设备以外的省级财政拨款（补助）的医疗设备。2024年试点工作在全省推行，试点工作将赋予用财政资金购置的仪器设备对外租赁的政策依据，极大地提高闲置或利用率低下设备的使用效率。

4.面向港澳有序开放，开展军民融合

一是扩大共享范围，面向港澳有序开放。广东省通过开通网络专线、分中心布局辐射、提供专项服务等多种方式向港澳地区开放科技资源，服务大湾区建设。例如，广州超算中心成立了南沙、珠海、前海、中山、惠州等分中心，通过建设网络专线服务港澳用户；广东科学技术厅支持中国散裂中子源（CSNS）应用建设两台谱仪以服务大湾区建设，中国散裂中子源（CSNS）已为香港大学、香港城市大学等科研机构提供专业化服务。实验试剂通关方面，华南生物材料出入境公共服务平台的建设，实现了生物材料通关时间由2～3天缩短至半天，综合成本降低60%。二是启动军工仪器共享，探索军民融合新格局。为深入贯彻落实党中央关于军民科技协同创新的工作部署，广东科学技术厅与广东省军民融合办合作开展国防科技工业重大科研设施与大型科研仪器开放共享工作。

5.服务园区，承办共享杯大赛

一方面，按照《广州民营科技园改革创新行动方案》的工作部署，广东省支持建立以民营企业为重点的大湾区重大科研基础设施和大型科研仪器开放共享机制。另一方面，广东省承办国家共享杯科技资源共享服务大赛（粤港澳大湾区分赛），广东省内协办单位包括国家超级计算广州中心，中国散裂中子源、国家基因库等大科学装置，地理科学、岭南特色农业林业等广东省科学数据中心，国家犬类实验动物资源库等实验动物平台；同时借助粤港澳联合实验室发动港澳地区团队参赛，对推动粤港澳大湾区科技资源的开放共享和高效利用起到良好的宣传作用。

3.2 生物种质与实验材料保藏机构概况

本节重点分析截至2020年底广东省生物种质与实验材料的种类、数量以及保藏机构分布、资产规模、信息化程度、运行服务、科技活动人员等方面的情况。纳入调查的225家法人单位中，拥有生物种质与实验材料保藏机构的单位共有41家。通过对调查数据的筛查整理，著者对此41家单位所拥有的80家生物种质与实验材料保藏机构进行分析。广东省80家生物种质与实验材料保藏机构中，植物种质保藏机构36家、动物种质保藏机构21家、微生物菌种保藏机构10家、人类遗传资源保藏机构12家、植物标本保藏机构2家、动物标本保藏机构5家、岩矿化石标本保藏机构2家、其他资源保藏机构3家。这些机构的资源保藏总量为97 511 65份；共分布在4市、13区，其中广州市天河区拥有生物种质保藏机构21家，占总数的26.3%，数量最多。保藏机构信息化建设水平较低，既建有资源信息库又建有资源信息网站的机构总数为23家，占比为28.8%。从事生物种质资源研究与管理的科技活动固定人员[①]共计2109人，正高级和副高级科技活动固定人员分别为514人和787人，专职实验技术人员有614人。

3.2.1 生物种质与实验材料种类和数量

2020年度纳入调查的80家生物种质与实验材料保藏机构中，按保藏资

---

① "科技活动固定人员"指直接从事科技活动、专门从事科技活动管理和为科技活动提供直接服务的固定人员。

源类型划分[①]，植物种质保藏机构有36家，占机构总数的45%；资源种类为66 013种，占保藏种类总数的40.9%；资源保藏数量为2 064 977份，占保藏总量的21.2%；保藏机构数量、资源种类均排第一，资源保藏数量排第三。动物种质资源保藏机构有21家，占机构总数的26.3%；资源保藏种类为28 335种，占保藏种类总数的17.5%；资源保藏数量为2 207 302份，占保藏总量的22.6%；保藏机构数量、资源保藏数量均排第二，资源种类排第三。人类遗传物质保藏机构有12家，占机构总数的15%；资源种类为94种，占保藏种类的0.1%；资源保藏数量3 752 127份，占保藏总量的38.5%；资源保藏数量排第一，保藏机构数量排第三，保藏种类数量很少。微生物菌种保藏机构有10家，占机构总数的12.5%；资源种类为9750种，占保藏种类的6%；资源保藏数量为266 880份，占保藏总量的2.7%；保藏机构数量、资源种类均排第四，资源保藏数量较少。动物标本、植物标本、岩矿化石标本保藏机构合计9家，占机构总数的11.3%；资源种类为57 365种，占保藏种类的35.5%；资源保藏数量累计1 456 381份，占保藏总量的14.9%，其中植物标本资源种类占比高达31.9%，占比最高（表3-11和图3-11）。

表3-11　生物种质与实验材料的种类与数量

保藏资源类型	保藏机构数量/家	保藏机构数量占比/%	资源种类/种	资源种类占比/%	资源保藏数量/份	资源保藏数量占比/%
植物种质	36	45.0	66 013	40.9	2 064 977	21.2
动物种质	21	26.3	28 335	17.5	2 207 302	22.6
人类遗传物质	12	15.0	94	0.1	3 752 127	38.5
微生物菌种	10	12.5	9750	6.0	266 880	2.7
动物标本	5	6.3	2524	1.6	286 500	2.9

① 保藏资源可分为植物种质、动物种质、人类遗传物质、微生物菌种、动物标本、植物标本、岩矿化石标本及其他。

续表

保藏资源类型	保藏机构数量/家	保藏机构数量占比/%	资源种类/种	资源种类占比/%	资源保藏数量/份	资源保藏数量占比/%
植物标本	2	2.5	51 541	31.9	1 164 281	11.9
岩矿化石标本	2	2.5	3300	2.0	5600	0.1
其他	3	3.8	4	0.0	3498	0.0

注：部分保藏机构拥有多种资源类型，故此表中存在部分保藏机构重复统计的情况。

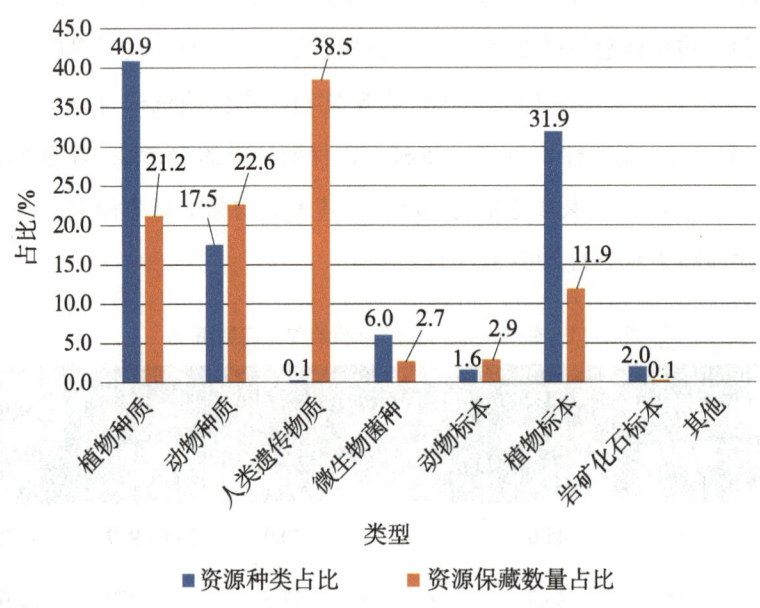

图3-11　生物种质与实验材料资源种类占比和保藏数量占比

3.2.2　保藏机构资源分布情况

科研院所、高等学校是生物种质与实验材料主要保藏单位。2020年度，纳入调查的80家生物种质与实验材料保藏机构中，科研院所拥有的保藏机构最多（53家），占机构总数的66.3%；资源种类为88 818种，占种类总数的

55.0%；资源保藏数量为 24 500 87 份，占保藏总数的 25.1%。高等学校拥有生物种质保藏机构 17 家，占机构总数的 21.3%；资源种类为 64 979 种，占种类总数的 40.2%；资源保藏数量为 4 764 829 份，占保藏总数的 48.9%，占比最高。企业拥有生物种质保藏机构 2 家，占机构总数的 2.5%；资源种类为 352 种，占种类总数的 0.2%；资源保藏数量为 3337 份，占保藏总数的 0.01%（表 3-12 和图 3-12）。

表 3-12　生物种质与实验材料资源按所属单位属性分布的情况

单位属性	保藏机构数量/家	保藏机构数量占比/%	资源种类/种	资源种类占比/%	资源保藏数量/份	资源保藏数量占比/%
高等学校	17	21.3	64 979	40.2	4 764 829	48.9
科研院所	53	66.3	88 818	55.0	2 450 087	25.1
企业	2	2.5	352	0.2	3337	0.01
其他	8	10.0	7412	4.6	2 532 912	26.0
合计	80	100.0	161 561	100.0	9 751 165	100.0

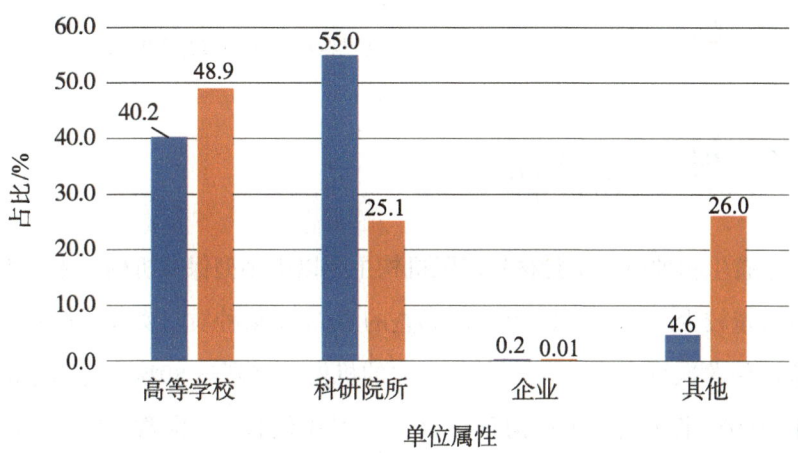

图 3-12　生物种质与实验材料资源按所属单位属性分布情况

生物种质与实验材料保藏机构主要分布在广州市。广州市拥有生物种质与实验材料保藏机构63家，占总数的78.8%，其中仅天河区就拥有生物种质与实验材料保藏机构22家，占总数的27.5%，占比最高。深圳市拥有生物种质与实验材料保藏机构9家，占总数的11.3%。湛江市拥有生物种质与实验材料保藏机构7家，占总数的8.8%，其中麻章区拥有生物种质与实验材料保藏机构6家，是湛江市生物种质与实验材料保藏机构主要集聚地。汕头市拥有生物种质与实验材料保藏机构1家，占总数的1.3%（图3-13）。

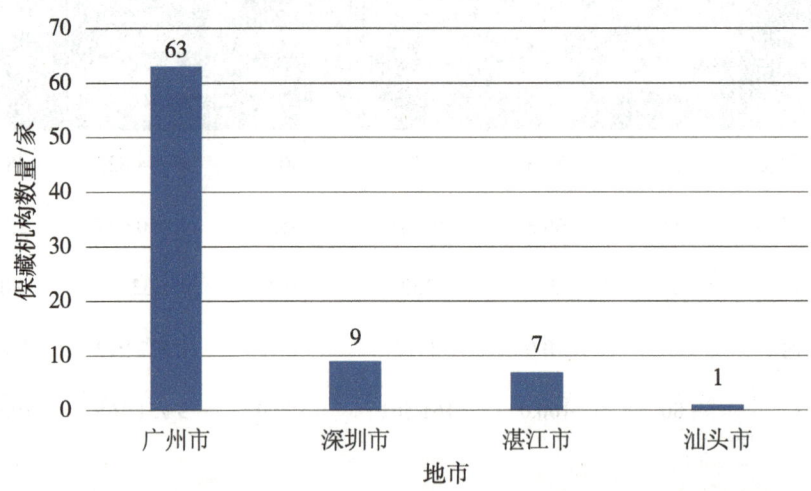

图3-13 生物种质与实验材料保藏机构数量按地市分布的情况

3.2.3 保藏机构规模

广东省生物种质与实验材料保藏机构主要以中小型保藏机构为主，大型保藏机构数量较少。在纳入2020年度调查的80家生物种质与实验材料保藏机构中，资源保藏数量在10万份（株）以内的机构占比高达80%。资源保藏数量高于10万份（株）的保藏机构只有16家，其中仅有3家保藏机构的资源保藏数量在100万份（株）以上，占比仅为3.8%（图3-14）。

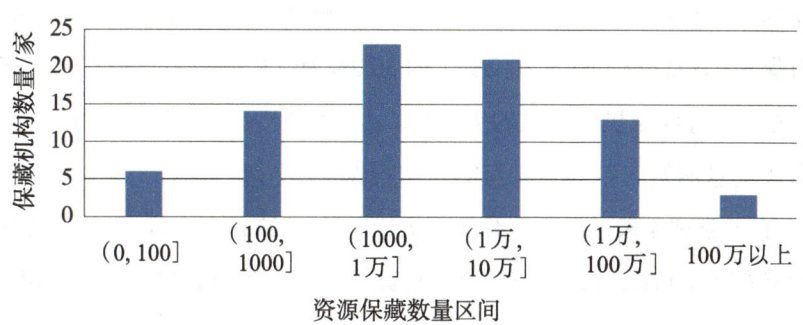

图3-14 生物种质与实验材料保藏机构按资源保藏数量区间分布的情况

3.2.4 保藏机构信息化建设情况

广东省生物种质与实验材料保藏机构信息化建设程度仍有待提高。对纳入调查的80家生物种质与实验材料保藏机构信息化建设情况进行分析可知,建有资源信息库的保藏机构有53家,占机构总数的66.3%,其中建有资源信息网站的仅有23家,占机构总数的28.8%,信息化建设程度有待加强。在27家未建有资源信息库的保藏机构中,只有2家保藏机构建有资源信息网站,占机构总数的2.5%,信息化建设程度较低(表3-13)。

表3-13 广东省生物种质与实验材料保藏机构信息化建设情况

是否建有资源信息库	建有资源信息网站的机构/家	建有资源信息网站的机构占比/%	未建有资源信息网站的机构/家	未建有资源信息网站的机构占比/%
建有资源信息库/家	23	28.8	30	37.5
未建有资源信息库/家	2	2.5	25	31.3
合计	25	31.3	55	68.8

广州、深圳拥有的生物种质与实验材料保藏机构的信息化建设程度相对较高,湛江、汕头的相对较低。既建有资源信息库又建有资源信息网站的生

物种质与实验材料保藏机构有23家，其中广州和深圳分别为19家和3家，占所拥有保藏机构总数（63家和9家）的30.2%和33.3%，占比较高；湛江拥有1家，占所拥有保藏机构总数的14.3%，占比较低。既未建立资源信息库又未建立资源信息网站的生物种质与实验材料保藏机构有25家，其中广州和深圳分别拥有14家和4家，占所拥有保藏机构总数的22.2%和44.4%；湛江和汕头分别拥有6家和1家，占所拥有保藏机构总数的85.7%和100%，占比较高（图3-15）。

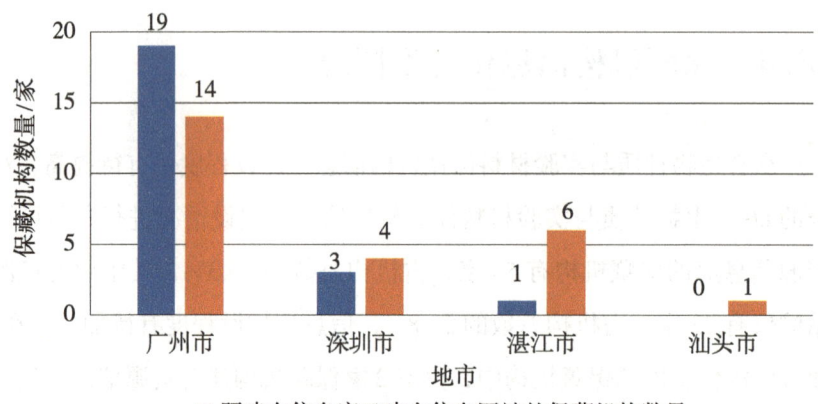

图3-15　四个地市生物种质与实验材料保藏机构信息化建设情况

3.2.5　保藏机构资源新增情况

广东省植物种质、微生物菌种的保藏种类以及人类遗传物质保藏数量新增较多。对纳入调查的80家生物种质与实验材料保藏机构在2020年度的资源新增情况进行分析可知，新增资源保藏种类、数量排前三的资源类型分别为植物种质、微生物菌种以及动物种质，分别新增1661种、1278种以及576种；人类遗传物质、动物标本、植物标本以及岩矿化石标本新增种类较少，合计新增72种。新增资源保藏数量排名前三的资源类型分别为人类遗传物质、动物种质以及植物种质，分别新增733 326份、123 131份以及54 885份（图3-16）。

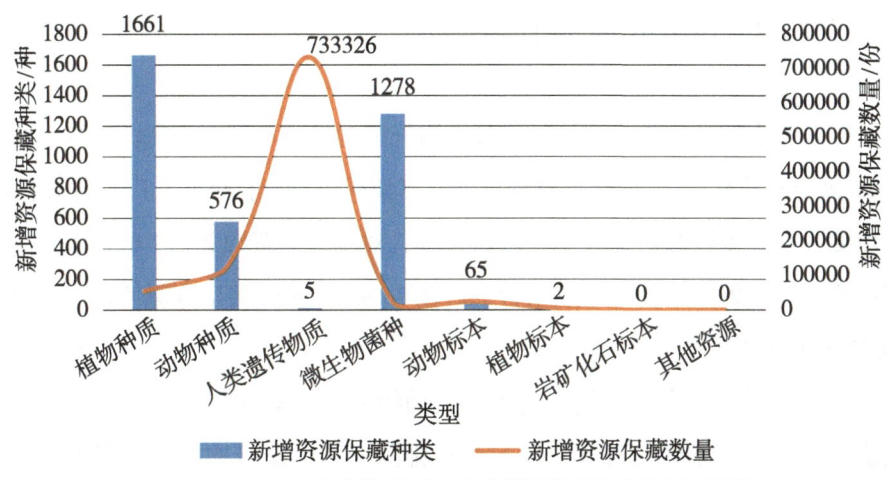

图3-16 2020年度生物种质与实验材料保藏机构资源新增情况

科研院所、高等学校的生物种质与实验材料保藏机构的新增资源保藏种类及数量较多。2020年，按单位属性划分，科研院所生物种质与实验材料保藏机构新增资源保藏种类最多，为2189种，占比61%；其次为高等学校生物种质与实验材料保藏机构，新增资源保藏种类为1018种，占比28.4%；企业生物种质与实验材料保藏机构新增资源保藏种类最少，仅为31种，占比0.9%。高等学校生物种质与实验材料保藏机构新增资源保藏数量最多，为628 023（份），占比为67%；其次为其他生物种质与实验材料保藏机构，新增资源保藏数量为206 720份，占比22.1%；企业生物种质与实验材料保藏机构新增资源保藏数量最少，仅为2000份，占比0.2%（表3-14）。

表3-14 2020年度生物种质与实验材料新增资源保藏种类和数量按单位属性分布

单位属性	机构数量/家	新增资源保藏种类/种	新增资源保藏种类占比/%	新增资源保藏数量/份	新增资源保藏数量占比/%
高等学校	17	1018	28.4%	628 023	67.0%
科研院所	53	2189	61.0%	100 316	10.7%
企业	2	31	0.9%	2000	0.2%
其他	8	349	9.7%	206 720	22.1%
合计	80	3587	100.0%	937 059	100.0%

3.2.6 保藏机构资源共享情况

广东省生物种质与实验材料保藏机构资源对外共享程度较高。对纳入调查的 80 家保藏机构的 2020 年度资源对外共享情况进行分析可知，广东省共有 68 家保藏机构开展资源对外共享，占比 85%，对外共享资源 2 493 602 份；有 59 家保藏机构对外共享资源信息条目，占比 73.8%，对外共享资源信息条目数为 1 672 919 条。

广东省对外共享资源最多的类型是动物种质，对外共享资源信息条目数最多的是植物标本。对外共享资源数量排前三的保藏机构类型分别为动物种质、植物标本以及植物种质，分别为 942 536 份、860 000 份以及 326 789 份，分别占对外共享资源数量的 37.80%、34.49% 和 13.11%。对外共享资源信息条目数排前三的资源类型分别为植物标本、动物种质以及植物种质，分别为 800 000 条、403 142 条以及 310 920 条，分别占对外共享资源条目数的 47.82%、24.10% 和 18.59%（表 3–15）。

表 3–15　2020 年度不同类型的生物种质与实验材料资源对外共享情况

保藏资源类型	机构数量/家	对外共享资源总量/份	对外共享资源总量占比/%	对外共享资源信息条目数/条	对外共享资源信息条目数占比/%
植物种质	36	326 789	13.11	310 920	18.59
动物种质	21	942 536	37.80	403 142	24.10
人类遗传物质	12	61 755	2.48	17 426	1.04
微生物菌种	10	16 184	0.65	61 755	3.69
动物标本	5	284 230	11.40	73 175	4.37
植物标本	2	860 000	34.49	800 000	47.82
岩矿化石标本	2	1607	0.06	1500	0.09
其他	3	501	0.02	5001	0.30
合计	91	2493602	100	1672919	100

注：因部分机构拥有多种类型资源，表中存在保藏机构重复统计的情况，故机构合计数量大于 80。

科研院所、高等学校是广东省开展保藏资源对外共享的主要单位。科研院所的保藏机构对外共享资源数量和信息条目数量最多，分别为 1 288 565 份和

988 746 条，分别占总数的 51.67% 和 59.10%。高等学校的保藏机构对外共享资源数量和信息条目数量分别为 1 187 658 份和 678 825 条，分别占总数的 47.63% 和 40.58%。属于企业和其他单位的保藏机构的对外共享资源数量合计为 17 379 份、信息条目数合计为 5348 条，分别占总数的 0.7% 和 0.32%（表 3-16）。

表 3-16　2020 年度不同单位生物种质与实验材料资源对外共享情况

单位属性	保藏机构数量/家	对外共享资源总量/份	对外共享资源总量占比/%	对外共享资源信息条目数/条	对外共享资源信息条目数占比/%
高等学校	17	1 187 658	47.63	678 825	40.58
科研院所	53	1 288 565	51.67	988 746	59.10
企业	2	3966	0.16	2372	0.14
其他	8	13 413	0.54	2976	0.18
合计	80	2 493 602	100	1 672 919	100

3.2.7　保藏机构科技活动人员情况

广东省生物种质与实验材料保藏机构已形成以副高级职称以上科技活动固定人员为主、以专职实验室技术人员为辅的人才结构。对纳入调查的 80 家生物种质与实验材料保藏机构现有科技活动固定人员情况进行分析可知，保藏机构科技活动固定人员共计 2109 人，其中正高级科技活动固定人员 514 人，占比为 24.4%；副高级科技活动固定人员 787 人，占比为 37.3%；专职实验技术人员 614 人，占比为 29.1%。

植物种质保藏机构科技活动固定人员最多，而拥有高级科技活动固定人员最多的则是人类遗传物质保藏机构。植物种质保藏机构拥有最多的科技活动固定人员，共有 928 人，占所有科技活动固定人员总数的 44%；其次是人类遗传物质保藏机构，拥有科技活动固定人员 735 人，占总数的 34.9%；动物种质保藏机构拥有科技活动固定人员 335 人，占总数的 15.9%；植物标本、动物标本、岩矿化石标本等保藏机构科技活动固定人员较少，分别为 78 人、70 人、72 人，分别占总数的 3.7%、3.3%、3.4%。人类遗传物质保藏机构拥有的正高级以及副高级科技活动固定人员数量最多，分别为 240 人和 393 人，分别占正高级和副高级人员总数的 46.7% 和 49.9%；其次是植物种质类保藏机构，其正高级以及副高级科技活动固定人员数分别为 124 人和 243 人，分别占比为 24.1% 和 30.9%。植物标本保藏机构拥有的高级科技活动固定人员最少，正高级以及副高级科技活动固定人员分别为 1 人和 3 人，占比分别为 0.2% 和 0.4%。专职实验技术人员数量排前三的保藏机构类型分别是植物种质、动物种质以及微生物菌种，人员数量分别为 368 人、152 人和 96 人，占比分别为 59.9%、24.8% 和 15.6%（表3-17）。

此外，人类遗传物质保藏机构是平均每个机构拥有的科技活动固定人员数、正高级科技活动固定人员数、副高级科技活动固定人员数最多的保藏机构类型，分别为 61 人、20 人和 33 人，而植物标本保藏机构是平均每个机构拥有的专职实验技术人员数最多的机构类型，为 18 人（图3-17）。

表3-17　不同类型生物种质与实验材料保藏机构科技活动人员情况

保藏机构类型	保藏机构数量	科技活动固定人员数量/人	科技活动固定人员数量占比/%	正高级科技活动固定人员数量/人	正高级科技活动固定人员数量占比/%	副高级科技活动固定人员数量/人	副高级科技活动固定人员数量占比/%	专职实验技术人员数量/人	专职实验技术人员数量占比/%
植物种质	36	928	44.0	124	24.1	243	30.9	368	59.9
动物种质	21	335	15.9	75	14.6	67	8.5	152	24.8
微生物菌种	10	239	11.3	51	9.9	44	5.6	96	15.6
人类遗传物质	12	735	34.9	240	46.7	393	49.9	79	12.9
植物标本	2	78	3.7	1	0.2	3	0.4	36	5.9
动物标本	5	70	3.3	12	2.3	19	2.4	42	6.8

续表

保藏机构类型	保藏机构数量	科技活动固定人员数量/人	科技活动固定人员数量占比/%	正高级科技活动固定人员数量/人	正高级科技活动固定人员数量占比/%	副高级科技活动固定人员数量/人	副高级科技活动固定人员数量占比/%	专职实验技术人员数量/人	专职实验技术人员数量占比/%
岩矿化石标本	2	72	3.4	38	7.4	34	4.3	3	0.5
其他资源	3	13	0.6	3	0.6	4	0.5	6	1.0

注：部分生物种质与实验材料保藏机构保藏的资源类型有多种，故该表中存在科技活动人员重复统计的情况。

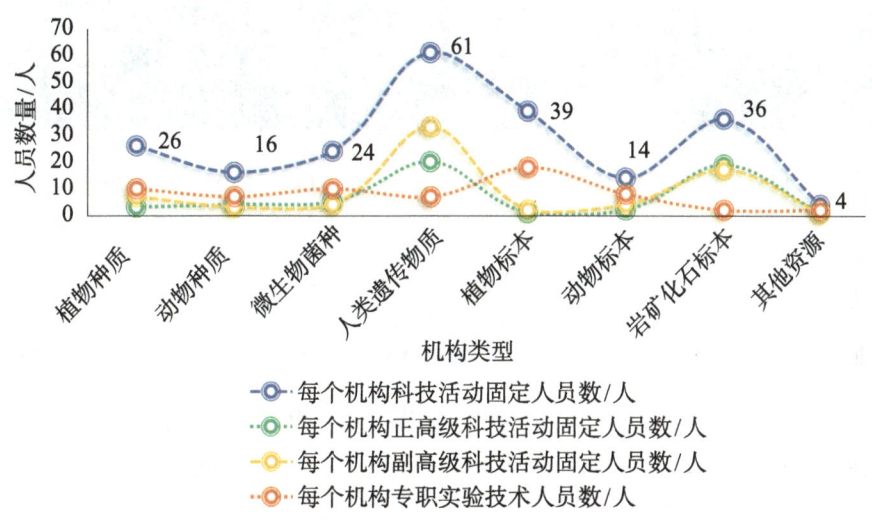

图 3-17 不同类型生物种质与实验材料保藏机构拥有的科技活动人员情况

科研院所的保藏机构的科技活动固定人员最多，共 856 人，占所有科技活动人员总数的 40.6%；其次是高等学校的保藏机构，拥有科技活动固定人员 796 人，占比 37.7%；企业的保藏机构的科技活动固定人员最少，仅为 31 人，占比为 1.5%。

高等学校的保藏机构拥有最多的正高级以及副高级科技活动固定人员，分别为 302 人和 430 人，分别占正高级和副高级科技活动固定人员总数的 58.8%

和 54.6%；其次是科研院所的保藏机构，正高级和副高级科技活动固定人员分别为 159 人和 251 人，占比分别为 30.9% 和 31.9%；企业的保藏机构的高级科技活动固定人员最少，正高级和副高级科技活动固定人员分别为 3 人和 5 人，占比均为 0.6%。

科研院所、高等学校的保藏机构的专职实验技术人员较多，分别为 337 人和 70 人，分别占专职实验技术人员总数的 54.9% 和 11.4%（表 3-18）。高等学校的保藏机构中，平均每家机构拥有的正高级和副高级科技活动固定人员数最多，分别为 18 人和 25 人。

表3-18 生物种质与实验材料保藏机构科技活动人员按单位属性分布情况

单位属性	保藏机构数量/人	科技活动固定人员数量/人	科技活动固定人员数量占比/%	正高级科技活动固定人员数量/人	正高级科技活动固定人员数量占比/%	副高级科技活动固定人员数量/人	副高级科技活动固定人员数量占比/%	专职实验技术人员数量/人	专职实验技术人员数量占比/%
高等学校	17	796	37.7	302	58.8	430	54.6	70	11.4
科研院所	53	856	40.6	159	30.9	251	31.9	337	54.9
企业	2	31	1.5	3	0.6	5	0.6	17	2.8
其他	8	426	20.2	50	9.7	101	12.8	190	30.9
合计	80	2109	100	514	100	787	100	614	100

3.2.8 支持建设的主要做法

广东省科学技术厅历来高度重视生物多样性保护，坚持以习近平生态文明思想为指导，通过建设生物种质资源库，加强生物种质资源的收集、整理、保存及管理工作；通过设立省实验室独立法人实体，聚焦国家战略目标和广东省重大需求，打造具有全球影响力的集突破型、引领型、平台型于一体的大型综合性研究基地和原始创新策源地；通过开展专项科学考察，推进广东省生态环境保护和自然资源开发利用等工作；通过建设省重点实验室、野外科学观测研究站、科学数据中心等平台，开展生物资源科学研究、技术攻关及开放共享工作，支持生物经济高质量发展。

1. 建设生物种质资源库

为发挥生物种质资源对现代种业发展的支撑保障作用，打好种业翻身仗，2023年广东科学技术厅支持四家广东省农作物种质资源库建设及运行，包括依托广东省农业科学院农业生物基因研究中心建设的广东省农作物种质资源库核心库、依托华南农业大学建设的岭南水稻种质资源基地库、依托广东省农业科学院环境园艺研究所建设的兰花种质资源基地库、依托中国中医科学院中药资源中心药用资源种质库（云浮）管理中心建设的粤北南药种质资源基地库；并要求基地库保存的农作物种质资源按国家种质资源入库标准向核心库提供实物和相关资源信息。

2. 建设岭南现代农业科学与技术广东省实验室

2019年启动建设的岭南现代农业科学与技术广东省实验室，是广东省第三批启动建设的省实验室之一，属于科研事业单位，实行独立法人运作，开展基础与应用基础研究，解决重大科技攻关，突破关键核心技术。岭南现代农业科学与技术广东省实验室采取"核心＋网络"的建设格局，将核心实验室设在广州，并在深圳、肇庆、茂名、云浮、河源设置5个分中心。实验室聚焦现代生物种业、智能农机装备与精准农业、动植物重大生物灾害防控、生态循环与绿色农业、农产品加工与食品安全等五大核心研究领域，围绕粮食、水果、蔬菜、畜禽、花卉、茶叶、南药、现代渔业、微生物等九大农业优势产业，积极开展各项研究工作。

3. 省重点实验室建设

自1986年建设第一家省重点实验室以来，广东省已建成生物资源领域62家省重点实验室。生物领域省重点实验室近几年产生了一批原创性科研成果，突破了一批关键核心技术，引育了一批高水平科研人才。广东省应用海洋生物学重点实验室（依托单位为中国科学院南海海洋研究所）首次在国际上完成了海洋贝类"活化石"鹦鹉螺的全基因组测序，揭示了该古老软体动物的进化规律、针孔眼形成和生物矿化机制，填补了头足类动物进化历程中"缺失的一环"；广东省农作物遗传改良重点实验室（依托单位为广东省农业科学院作物研究所）在国际上率先完成花生野生种和栽培种全基因组测序。

4. 野外科学观测研究站建设

自 2018 年建立第一家省级野外科学观测研究站以来，广东省已建成生物与生态领域野外科学观测研究站 16 家，其中在粤国家级野外科学观测研究站 8 家。这些研究站积累了大量、连续、具有自主知识产权的第一手观测数据，助力相关学科建设，为广东经济社会发展作出了积极贡献。

5. 开展专项科学考察

自 2018 年设立专项科学考察项目以来，广东省科学考察项目涵盖动物资源、植物资源、微生物资源、林业资源、海洋生物、环境地球化学、生物地理学等领域，在广东生态环境保护和自然资源开发利用方面起到了强大的支撑作用。在植物种质资源方面，科学考察主要围绕广东云开山、北江流域上游、广东省地域内湿地和国家级与省级自然保护区，重点针对植被、维管植物、珍稀濒危南药植物资源等进行调查、采集与鉴定研究，为生态保护和管理提供依据。广东省在粤港澳大湾区珠江口、大亚湾、广海湾、万山群岛等重要河口、海湾、海岸、海岛开展了大型海藻资源现状考察研究。在动物种质资源方面，广东省科学考察主要围绕粤港澳大湾区海岛、陆生脊椎动物展开。在微生物菌种资源方面，科学考察围绕大型真菌资源展开，主要研究大型真菌物种多样性，评价食用药菌与毒菌资源，明确菌种经济价值与危害。专项科学考察为粤港澳大湾区社会经济发展、环境保护规划和生物多样性保护提供了重要的科学参考。

3.3 广东省实验室大型科研仪器情况

3.3.1 省实验室基本情况

2017年以来,广东省委、省政府按照"战略急需、支撑产业"原则,以打造具有全球影响力的集突破型、引领型、平台型于一体的大型综合性研究基地和原始创新策源地为目标,采取"自上而下、统筹推进"的顶层设计,先后启动建设三批共10家(25家法人实体)广东省实验室(以下简称"省实验室")。这10家省实验室在研究领域上涵盖新一代电子信息、绿色石化、高端装备制造、前沿新材料等"双十"战略性产业。在地域分布上,省实验室覆盖广州、深圳等16个地市;在建设模式上,省实验室由单个地市承建、多个地市平行布局建设或多个地市以"核心+网络"的方式承建等。同时,广东省自2018年以来先后启动建设粤港澳联合实验室、高等级生物安全实验室、野外科学观测研究站、科学数据中心,并支持科技期刊创办等。截至2023年底,广东省已建成以在粤国家实验室为引领,以省实验室(10家)、在粤国家重点实验室(31家)、省重点实验室(435家)为核心,以粤港澳联合实验室(31家)、高等级生物安全实验室(18家)、"一带一路"联合实验室(4家)、国家应用数学中心(2家)、科学数据中心(12家)为拓展,以野外科学观测研究站、生物种质资源库、实验动物、科技期刊等为保障的高水平、多层次、宽领域的实验室体系。

省实验室体系各平台基地是大型科研仪器设备研发和开放共享的主要载体。其中,省实验室购置仪器设备数量多、财政支持金额大,是推进大型科研仪器开放共享工作的重要部分。根据省实验室成立时间、购置仪器设备情况,

2021年度国家科技基础条件资源调查工作选取了12个法人实体（即10家省实验室及分中心），并将其纳入广东省科技资源调查单位（表3-19）。

表3-19 广东省实验室基本情况

广东省实验室名称		简称	批次	地区	挂牌时间	是否纳入调查范围
再生医学与健康广东省实验室		生物岛实验室	第一批	广州	2017年12月22日	是
网络空间科学与技术广东省实验室		鹏城实验室		深圳	2017年12月22日	是
先进制造科学与技术广东省实验室		季华实验室		佛山	2017年12月22日	是
材料科学与技术广东省实验室	东莞总部	松山湖材料实验室		东莞	2017年12月22日	是
	阳江分中心	阳江合金材料实验室	第三批	阳江	2019年10月17日	否
南方海洋科学与工程广东省实验室	广州	广州海洋实验室	第二批	广州	2018年11月14日	是
	珠海	南方海洋实验室		珠海	2018年11月14日	是
	湛江	湛江湾实验室		湛江	2018年11月14日	是
化学与精细化工广东省实验室	汕头总部	—		汕头	2018年11月14日	是
	潮州分中心	韩江实验室		潮州	2018年11月14日	否
	揭阳分中心	榕江实验室		揭阳	2018年11月14日	否
生命信息与生物医药广东省实验室		深圳湾实验室		深圳	2018年11月14日	是

续表

广东省实验室名称	简称	批次	地区	挂牌时间	是否纳入调查范围
岭南现代农业科学与技术广东省实验室	广州总部	岭南农业实验室	广州	2019年8月29日	是
	深圳分中心	—	深圳	2019年8月29日	否
	茂名分中心	茂名实验室	茂名	2019年8月29日	否
	云浮分中心	云浮实验室	云浮	2019年8月29日	否
	肇庆分中心	西江实验室	肇庆	2019年8月29日	否
	河源分中心	灯塔实验室	河源	2021年3月19日	否
先进能源科学与技术广东省实验室	惠州总部	东江实验室	第三批	惠州	2019年8月29日	是
	汕尾分中心	红海湾实验室	汕尾	2019年8月29日	否
	佛山分中心	佛山仙湖实验室	佛山	2019年8月29日	否
	阳江分中心	阳江海上风电实验室	阳江	2019年8月29日	否
	云浮分中心	南江实验室	云浮	2019年8月29日	否
人工智能与数字经济广东省实验室	广州	琶洲实验室	广州	2019年8月29日	是
	深圳	光明实验室	深圳	2019年8月29日	否

本次资源调查工作所调查的12家省实验室涵盖广东省实验室的一、二、三批次，覆盖珠三角及粤东、粤西地区，涉及再生医学与健康、网络空间、先进制造、材料、海洋、化学与精细化工、生命信息与生物医药、现代农业、先进能源、人工智能与数字经济等10个主要科学领域。按建设批次划分，属于第一批次的实验室有4家，属于第二批次的实验室有5家，属于第三批次的实验室有3家；按分布区域划分，广州市和深圳市分别有4家和2家，佛山市、东莞市、珠海市、惠州市、湛江市、汕头市的省实验室均为1家；按科学领域划分，除研究海洋领域的实验室有3家外，再生医学与健康、网络空间、先进制造、材料、化学与精细化工、生命信息与生物医药、现代农业、先进能源、人工智能与数字经济等领域的实验室各有1家。

3.3.2 省实验室大型科研仪器总体规模

截至2020年底，纳入调查的12家省实验室累计拥有大型科研仪器706台（套），总原值92 027.54万元。其中，属于第一批次的4家省实验室共拥有大型科研仪器603台（套），总原值为77 756.59万元，比2019年底新增了341台（套）（原值46 909.41万元）；属于第二批次的6家省实验室及分中心共拥有大型科研仪器68台（套），总原值为8929.11万元，比2019年底新增了68台（套）（总原值8929.11万元）；属于第三批次的3家省实验室及分中心共拥有大型科研仪器35台（套），总原值为5341.84万元，比2019年底新增了18台（套）（总原值1862.51万元）。

3.3.3 省实验室大型科研仪器新增情况

属于第一批次的省实验室新增仪器较多，原值较高。2020年度，纳入调查的12家省实验室共新增大型科研仪器427台（套），平均单台（套）仪器原值为135.13万元，其中第一批次的省实验室新增大型科研仪器341台（套），占比为79.86%，平均单台（套）仪器原值为137.56万元；第二批次的省实验室新增大型科研仪器68台（套），占比为15.93%，平均单台（套）仪器原值为131.31万元；第三批次的省实验室新增大型科研仪器18台（套），占比为4.22%，平均单台（套）仪器原值为103.47万元（图3-18）。

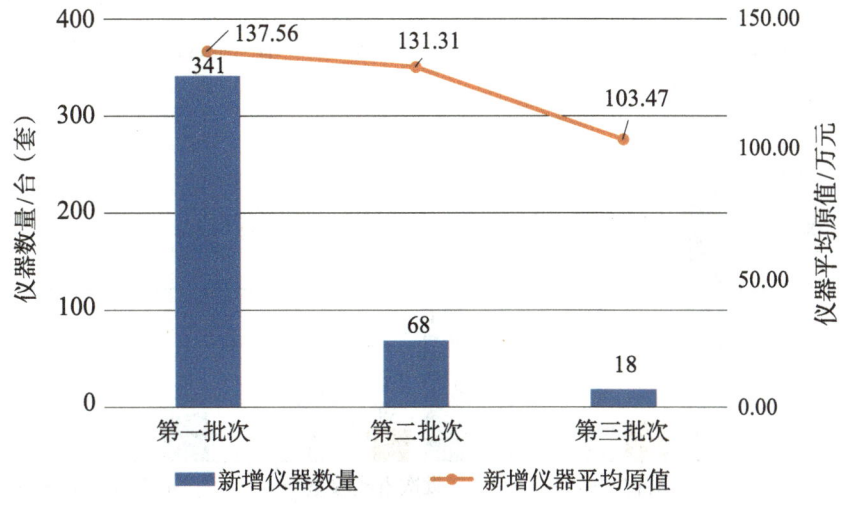

图3-18　2020年度省实验室新增大型科研仪器情况

3.3.4　省实验室仪器利用情况

2020年度，纳入调查的12家省实验室的大型科研仪器平均利用机时和平均对外服务机时分别为959.73小时和98.61小时。省实验室亟需提高对外服务意识，加大大型科研仪器对外服务的力度。

3.3.5　省实验室实验技术人员情况

第一批省实验室拥有比较充足的实验技术人员。纳入调查的12家省实验室拥有实验技术人员总数为3165人，平均每百名实验技术人员管理22台（套）大型科研仪器。其中，第一批省实验室的实验技术人员最多，为1795人，平均每家实验室的实验技术人员约为449人，平均每百名实验技术人员管理约34台（套）大型科研仪器；第二批省实验室共拥有实验技术人员1118人，平均每家实验室的实验技术人员为224人，平均每百名实验技术人员管理6台（套）大型科研仪器；第三批省实验室共拥有实验技术人员252人，平均每家实验室的实验技术人员为84人，平均每百名实验技术人员管理14台（套）大型科研仪器。此外，对于第一批、第二批省实验室，平均每家实验室的副高级及以上实验技术人员分别约为133人、127人，均远多于第三批省实验室（约25人）（图3-19）。

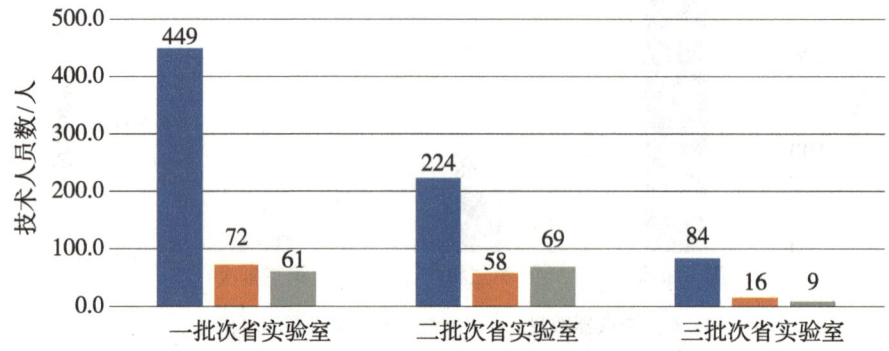

图3-19　平均每家实验室的实验技术人员数

3.3.6　支持建设的主要做法

近年来，广东省科学技术厅为加强省实验室大型科研仪器的高效利用，连续出台多项制度措施。

1. 出台政策，加强顶层设计

广东省科学技术厅于2019年10月印发《广东省实验室建设管理办法（试行）》，明确提出"省实验室采购进口仪器设备实行备案制管理""省实验室应建立健全科技资源共享制度"等，有效缩短了设备购置时间，促进了大型仪器开放共享。广东省科学技术厅于2022年6月印发了《关于同领域广东省实验室协同推进建设发展的若干意见》（粤科实字〔2022〕136号），指出同领域省实验室应相互开放共享重大科技基础设施、大型科研仪器设备、核心科学数据等科技资源，出台互惠互利的收费标准和办法，并将科技资源共享情况作为实验室评估考核指标之一。

2. 摸清家底，夯实开放共享工作基础

截至 2023 年 6 月，25 家省实验室承建（参建）的国家重大科技基础设施有 4 个，包括鹏城云脑、人类细胞谱系、冷泉生态系统、先进阿秒激光等，均被纳入国家"十四五"规划；拥有双球差校正透射电子显微镜、高分辨二次离子质谱仪、单颗粒冷冻电镜等一批世界一流的高端仪器设备，设备总原值超过 108.32 亿元，其中原值在 30 万元以上的大型科研仪器有 4109 台。

3. 开展查重评议工作研究，科学配置科技资源

为提高省实验室对大型科研仪器采购的科学性、必要性和合理性，提高财政资金的使用效益，进一步提高大型科研仪器管理效率及利用效率，2022 年 4 月，广东省科学技术厅印发《关于补充报送拟购置大型科研仪器设备材料的通知》，并针对第三批粤东西北地区省实验室分中心 2022 年申请购置的大型科研仪器设备的必要性、可行性、经济性等组织专家论证，为后续的查重评议工作提供了有益参考。

3.4 其他科技基础条件资源建设情况

除 2021 年度国家科技基础条件资源调查工作中涉及的大型科研仪器、生物种质与实验材料保藏机构、科技活动人员等科技基础条件资源外，广东省在大科学装置、科学数据中心等科技基础条件资源的建设方面也开展了大量工作。

3.4.1 大科学装置情况

在粤大科学装置为广东的科学前沿研究提供最先进的研究手段，是粤港澳大湾区实现高质量发展的重要支撑。广东省积极谋划推进大型科学装置建设，全力打造世界一流大科学装置集群，已集聚了国家超级计算广州中心、国家超级计算深圳中心、中国散裂中子源、江门中微子实验装置、惠州加速器驱动嬗变系统研究装置、惠州强流重离子加速装置等一批大科学装置，为综合性国家科学中心建设提供重要平台支撑。其中，纳入国家网络管理平台的在粤大科学装置有 11 台，见表 3-20。

表 3-20 纳入国家网络管理平台的在粤大科学装置清单

序号	设施名称	启用年份	设施类别	学科领域
1	国家超级计算广州中心	2014年	公共实验设施	信息科学与系统科学、计算机科学技术
2	鹏城云脑	2021年	公共实验设施	信息科学与系统科学、计算机科学技术
3	"实验1"号科学考察船	2009年	公益服务设施	地球科学、工程与技术科学、基础学科

续表

序号	设施名称	启用年份	设施类别	学科领域
4	"海洋地质六号"综合调查船	2009年	公益服务设施	地球科学
5	"实验2"号海洋科学考察船	1980年	公益服务设施	地球科学
6	"实验3"号海洋科学考察船	1981年	公益服务设施	环境科学技术及资源科学技术、地球观测
7	"海洋地质八号"综合调查船	2017年	公益服务设施	地球科学
8	中国散裂中子源	2018年	公共实验设施	物理学、材料科学、能源科学技术
9	南海渔业资源与环境科学调查船	2010年	专用研究设施	水产学
10	300吨级渔业资源调查船	2018年	专用研究设施	水产学、环境科学技术及资源科学技术
11	海洋地质十号	2019年	公益服务设施	地球科学

1. 国家超级计算广州中心

设施类别：公共实验设施

学科领域：信息科学与系统科学、计算机科学技术

（1）基本情况。国家超级计算广州中心是在科学技术部的支持下由广东省人民政府、广州市人民政府、国防科技大学和中山大学共同建设的，是支撑国家实施创新驱动发展战略和服务地方产业技术发展的重大科技基础设施。中心坐落在风景秀丽的广州大学城中山大学东校区，总建筑面积42 332平方米，其中机房及附属用房面积约为17500平方米，包括主机房、存储机房、高低压配电房、冷却设备用房及附属用房等功能用房。

（2）运营及共享情况。该装置于2014年启用。国家超算广州中心在Top500世界最具应用影响力超算中心排名中位列第五，是国内唯一上榜的超算中心。[①]

---

① 重大科研基础设施和大型科研仪器国家网络管理平台.国家超级计算广州中心［EB/OL］.［2023-03-24］. https://nrii.org.cn/.

2. 鹏城云脑

设施类别：公共实验设施

学科领域：信息科学与系统科学、计算机科学技术

（1）基本情况。鹏城云脑是由鹏城实验室联合国内优势科研力量打造的人工智能大科学装置，用于AI领域诸如计算机视觉、自然语言处理、自动驾驶、智慧交通、智慧医疗等各类基础性研究与探索。"鹏城云脑Ⅱ"基于自主可控的国产AI芯片，采用高效能计算体系结构，包括4096颗昇腾910 AI处理器和2048颗鲲鹏920 CPU处理器，可以提供1E OPS智能算力，即不低于每秒100亿亿次操作的AI计算能力，配备200PB存储和100 GB级网络传输速率，AI算力处于国际先进水平。

（2）运营及共享情况。"鹏城云脑Ⅱ"在AIPerf、IO500全节点和10节点打榜中荣获三项世界第一；参加业界公认的MLPerf training v1.0基准测试，并在图像分类赛道（1024卡同等规模）排名第二，在自然语言处理赛道（256卡同等规模）排名第一。启用以来，鹏城云脑已与华为、百度等企业开展密切合作。基于超大规模AI算力集群和昇思AI框架，"鹏城云脑Ⅱ"已产出"鹏程·盘古""鹏程·通言""鹏程·神农"等一系列千亿级参数的大模型[①]。

3. "实验1"号科学考察船

设施类别：公益服务设施

学科领域：地球科学、工程与技术科学、基础学科

（1）基本情况。"实验1"号科学考察船是根据国家中长期发展规划并结合涉海学科的迫切需要而建造的，是新型的高性能特种船舶，主要作为水声物理、水声工程、水下机器人研究与试验平台，成为环境实时立体监测体系和综合信息系统的有机组成部分，能在近海、远洋进行水声、海洋多学科和交叉学科综合科学考察。船上建有11个实验室，基本涵盖了海洋科学研究领域的主

---

① 重大科研基础设施和大型科研仪器国家网络管理平台.鹏城云脑［EB/OL］.［2023-03-24］. https://nrii.org.cn/.

要门类。船上实验室所获科学数据，均可通过卫星实时传送到岸上实验室。

（2）运营及共享情况。自投入使用以来，考察船执行了30余个声学专项考察任务，执行专项任务的海域从最初的南海到东海、西太平洋再到东印度洋，考察范围不断扩大，获取了目标海域大容量海洋噪声、剖面以及同步的物理海洋等数据。考察船多次联合"实验"系列科学考察船在西太平洋海域、东印度洋海域开展海洋多学科综合考察研究，逐步揭示邻近海域海洋声场时空变化特征，并对同步物理海洋、海洋气象观测要素之间的响应规律提供基础数据。2012年考察船加入"国家海洋调查船队"，成为"国家海上遥感验证工作站"，同时承担向公众普及海洋科学知识的任务[①]。

4."海洋地质六号"综合调查船

设施类别：公益服务设施

学科领域：地球科学

（1）基本情况。"海洋地质六号"综合调查船集地震、地质调查等多项调查功能于一体，采用电力推进系统、动力定位、全回转舵桨等国际先进技术及设备，配置深海水下遥控探测系统、深海取样分析系统、深水多波束测深系统、深水浅地层剖面系统、长排列大容量高分辨率地震采集系统等多种高科技调查设备，同时配置有4000米级深海水下机器人"海狮号"。

（2）运营及共享情况。调查船先后完成多个深海地质及大洋科考航次、南极科考航次等重大项目，足迹遍布中国海域、太平洋海域和南极海域。调查船成功完成中国首台富钴结壳规模取样器海试，助力实现海底富钴结壳的规模采集；首次实现了富钴结壳高频声学厚度剖面连续探测，获取了富钴结壳及其不同类型基岩的声学物理参数；成功获取了西太平洋航路沿线的海洋微塑料样品，初步分析了西北太平洋监测海域海洋微塑料的数量、种类、组成和粒径等污染特征；开展了水合物开发环境原位监测与探测装置、多参数剖面探测系统等自主研发设备的海上试验；发现了新的海底大型活动性冷泉，基本查明其分

---

① 重大科研基础设施和大型科研仪器国家网络管理平台."实验1"科学考察船［EB/OL］.［2023-03-24］.https://nrii.org.cn/.

布范围、地形地貌、生物群落等；系统开展了冷泉调查研究，获取了一大批冷泉系统相关的生物、水、气体、沉积物等样品及数据[①]。

5. "实验2"号海洋科学考察船

设施类别：公益服务设施

学科领域：地球科学

（1）基本情况。"实验2"号海洋科学考察船是1100吨级的海洋地球物理勘探船，操作性能优越，拥有先进的DGPS差分定位系统、多波束地貌仪、风浪自动补偿测深系统、反射及折射地震探测系统、电火花阵列装置以及海洋重力、海洋磁力、旁侧声呐、浅地层剖面仪等调查设备，主要用于海洋油气、矿产资源开发等有关的地质调查，地球物理和海洋工程环境与井场、管线工程调查。

（2）运营及共享情况。科学考察船已服务中国科学院南海海洋所、地质地球所、半导体所以及国家海洋局第二海洋研究所等多家科研单位，开展海洋物理、海洋生物、海洋化学、海洋地质、海洋遥感等多学科综合性调查[②]。

6. "实验3"号海洋科学考察船

设施类别：公益服务设施

学科领域：环境科学技术及资源科学技术、地球观测

（1）基本情况。"实验3"号海洋科学考察船是一艘大型综合科学考察船，拥有完善的甲板操控支撑系统，能进行海洋多学科综合科学考察；拥有先进的导航定位系统、避碰装置、马克Ⅲ温盐深探测系统、拖曳体系统、多瓶采水系统、海洋光学多参数测量仪、极谱仪、万米测深仪、956方向波浪浮标、波浪骑士、浮游生物采集器、水下电视系统、底栖生物拖网等海洋综合调查仪器设

---

① 重大科研基础设施和大型科研仪器国家网络管理平台．"海洋六号"综合调查船［EB/OL］．[2023-03-24]．https：//nrii.org.cn/．
② 重大科研基础设施和大型科研仪器国家网络管理平台．"实验2"号海洋科考船［EB/OL］．[2023-03-24]．https：//nrii.org.cn/．

备。考察船装备一套大型观测设备，航行时可连续不间断测量航经海域海水温度、盐度、深度，自动观测并记录相关数据。

（2）运营及共享情况。考察船对曾母暗沙海区开展了专题考察，取得大量关于海底地形、地貌、沉积及海洋水文气象、海水光学特性、海洋化学、海洋生物等方面的第一手资料。2018年考察船完成中国和巴基斯坦首次北印度洋联合考察任务，对巴基斯坦外海的莫克兰海沟开展海洋地质、物理海洋、海洋生物与微生物等多学科综合考察，获得多领域的第一手考察资料与样品，促进了具有特殊科学意义的莫克兰海域科学研究[①]。

7."海洋地质八号"综合调查船

设施类别：公益服务设施

学科领域：地球科学

（1）基本情况。"海洋地质八号"综合调查船是我国全新一代海洋综合物探船，是世界第一艘六缆高精度短道距地震电缆三维物探船；具有高精度多缆短道距三维地震调查能力，具备在全球海域进行三维地震勘探等作业能力，以及重力测量和磁力测量等调查作业能力。

（2）运营及共享情况。调查船多次开展海洋地质调查任务，以双源四缆三维地震作业方式，首次进行完整区块三维地震数据采集，实现高精度浅地层成像，形成精细全覆盖小面元三维地震调查技术，有效提高区块资源评价精度[②]。

8. 中国散裂中子源

设施类别：公共实验设施

学科领域：物理学、材料科学、能源科学技术

---

① 重大科研基础设施和大型科研仪器国家网络管理平台."实验3"号海洋科考船［EB/OL］.［2023-03-24］. https://nrii.org.cn/.
② 重大科研基础设施和大型科研仪器国家网络管理平台."海洋地质八号"综合调查船［EB/OL］.［2023-03-24］. https://nrii.org.cn/.

（1）基本情况。国家"十一五"期间重点建设的大科学装置，由中国科学院和广东省共同建设，位于广东省东莞市大朗镇，项目占地约400亩（1亩约为666.67平方米）。项目于2011年开工建设，于2018年启用。中国散裂中子源的建设涉及大量先进技术，攻克了众多技术难题，设备国产化率超过90%。中国散裂中子源是继英国散裂中子源、美国散裂中子源和日本散裂中子源之后，全世界第四台脉冲型散裂中子源，填补了国内脉冲中子源及应用领域的空白。该装置已经建成包括通用粉末衍射仪、多功能反射仪、小角散射仪、多物理谱仪以及大气中子辐照谱仪等多台谱仪，其中多物理谱仪的设计通量是同功率英国散裂中子源谱仪的4~5倍；分辨率与兆瓦级的美国散裂中子源同类谱仪相当，达到世界先进水平。

（2）运营及共享情况。截至2023年初，中国散裂中子源已累计完成8轮开放运行，一年开放机时超过5000小时，拥有约4000个注册用户，完成课题800余项，在航空航天、量子、能源、合金、高分子、信息材料等领域催生了一批源头创新硕果，面向来自基础与应用科学研究、工程和工业应用方面的用户开放大型的中子散射研究和应用的平台，用户为牛津大学、伦敦玛丽女王大学、香港城市大学、香港科技大学、香港中文大学、香港大学、澳门大学、中山大学、华南理工大学、清华大学、北京科技大学、复旦大学、中国科学技术大学、北京大学和中国科学院下属多家研究所等70余家研究所和高校[①]。

9.南海渔业资源与环境科学调查船

设施类别：专用研究设施

学科领域：水产学

（1）基本情况。调查船设置有4个实验室：海洋生物实验室、海洋理化实验室、渔业资源声学评估实验室、卫星遥感技术实验室。船载仪器设备先进、调查实验功能齐全，具备常规海洋调查和渔业捕捞作业的功能，能够满足多个学科海上科研的综合需求。

---

① 重大科研基础设施和大型科研仪器国家网络管理平台.中国散裂中子源［EB/OL］.［2023-03-24］.https://nrii.org.cn/.

（2）运营及共享情况。调查船主要用于承担国家重大渔业科研任务，开展南海海洋生态、渔业资源评估以及深海底拖网、变水层拖网、金枪鱼延绳钓、灯光鱿鱼钓等作业方式的海洋渔具、渔法的科学研究，为南海海域渔业资源和环境保护与可持续利用、维护我国海洋渔业权益提供科学技术支撑；先后完成渔业资源、渔场环境要素、捕捞技术、岛礁生态系统、海洋生物遗传多样性和生物体样品采集等方面科考任务，取得大量极具价值的数据和资料[①]。

10. 300吨级渔业资源调查船

设施类别：专用研究设施

学科领域：水产学、环境科学技术及资源科学技术

（1）基本情况。调查船设置3个实验室：综合实验室、海洋生物实验室、渔业声学实验室；能满足南海海域航行要求，可开展南海海域渔业资源环境专业科学调查研究。

（2）运营及共享情况。调查船主要承担南海海域的渔业资源与环境的常规、专项和应急调查监测，海洋综合调查和研究，涉外海域渔业资源环境调查，双边或多边渔业资源联合调查，捕捞技术研究，渔业资源养护等任务，开展复合渔场单鱼种渔业生态特征、高效生态渔具渔法、鱼类洄游规律、渔场形成机制、渔业资源时空变动规律等研究，为南海渔业资源养护与管理、对外谈判、生态环境修复和渔业资源可持续利用等提供支撑平台；通过共享航次开展"南海生物资源调查与评估""南海北部近海渔业资源调查"等任务，为农业农村部渔业渔政管理局、南昌大学食品科学与技术国家重点实验室、中粮营养健康研究院有限公司等相关单位提供服务，并与中国水产科学研究院黄海水产研究所、东海水产研究所等单位共享科考数据[②]。

---

① 重大科研基础设施和大型科研仪器国家网络管理平台. 南海渔业资源与环境科学调查船［EB/OL］.［2023-03-24］. https://nrii.org.cn/.
② 重大科研基础设施和大型科研仪器国家网络管理平台. 300吨级渔业资源调查船［EB/OL］.［2023-03-24］. https://nrii.org.cn/.

11. "海洋地质十号"

设施类别：公益服务设施

学科领域：地球科学

（1）基本情况。"海洋地质十号"是中国自主研发设计并建造的综合地质调查船，具备海洋地质、地球物理、水文环境等多功能调查能力。该船于2017年6月28日下水，排水量约为3400吨，拥有8000海里的续航力，能够在全球无限航区执行任务。它装备了国内首套自主研制的举升式海洋钻探系统，通过模块化科考设备布局，集成了无人无缆深潜器（AUV）和综合导航定位系统等高端调查设备，展现出高精度、多功能、综合作业能力强的特点。

（2）运营及共享情况。自入列以来，"海洋地质十号"已经参与了多项重要的海上科考任务，其中包括2018年11月的中巴印度洋联合海洋地质科学考察，以及2023年8月在南海北部陆架进行的302.07米全取岩心科学钻探，刷新了国内陆架海域第四系全取岩心的深度纪录。此外，它还积极参与海上风电项目的勘察工作，为绿色清洁能源建设提供服务。"海洋地质十号"的运营不仅提升了中国在海洋地质调查领域的能力，而且通过国际合作，如中巴联合科考，展现了其在国际海洋科学研究中的共享精神和合作能力。

3.4.2 科学数据中心情况

科学数据中心是面向科学数据管理布局建设的专业科技创新平台，主要承担科学数据汇交整合、分级分类、存储维护、分析挖掘和开放共享等业务工作，对保障科学数据安全、推动科学数据开放共享、促进科学数据应用等具有重要意义。截至2023年3月，广东省已建成1家广东省科学数据服务管理中心、10家广东省科学数据中心（表3-21）、4家国家科学数据中心在粤分中心（表3-22），涵盖地理科学、基因组、农业、林业、中医药、微生物、水环境、碳中和、气象、临床医学、生态、海洋、天文、对地观测等领域，初步构建起"布局合理、共建共享、网络运行"独具特色的科学数据中心体系。

广东省科学数据服务管理中心承担省内科学数据元数据统筹汇交、分级分类、分析挖掘、开放共享和安全保障等管理工作；广东省科学数据中心在各自优势领域进行布局建设，承担本领域或相关行业（系统）科学数据收集、审核、存储、共享和开发工作；国家科学数据中心在粤分中心扩充广东省科学数据中心力量，借鉴国家科学数据中心建设经验，完善广东省科学数据中心体系，提升广东省科学数据中心建设质量，促进科学数据开放共享。

表3-21　广东省科学数据中心名单

名称	依托单位
广东省科学数据服务管理中心	广东省科技基础条件平台中心
广东省基因组科学数据中心	深圳华大生命科学研究院
广东省地理科学数据中心	广东省科学院广州地理研究所、广东省国土资源测绘院
广东省林业科学数据中心	广东林业科学研究院
广东省中医药科学数据中心	广东省中医院
广东省岭南特色农业科学数据中心	广东省农业科学院农业经济与信息研究所
广东省珠江流域水环境科学数据中心	生态环境部华南环境科学研究所
广东省海洋气象科学数据中心	中国气象局广州热带海洋气象研究所
广东省临床医学科学数据中心	广东省卫生健康委员会事务中心
广东省高致病性病原微生物科学数据中心	中山大学
广东省陆地-海洋生态系统碳中和科学数据中心	中山大学

表3-22 国家科学数据中心在粤分中心名单

名称	依托单位
国家生态科学数据中心广东分中心	中国科学院华南植物园
国家海洋科学数据中心粤港澳大湾区分中心	国家海洋局南海信息中心
国家天文科学数据中心粤港澳大湾区分中心	广州大学
国家对地观测科学数据中心——粤港澳大湾区应用分中心	广州大学

1. 广东省科学数据服务管理中心

广东省科学数据服务管理中心的功能包括建立适用于广东省科学数据中心的汇交、整合、存储和管理机制，组织编制科学数据资源目录，完善数据索引体系和存储路径；开展科学数据分级分类、加工整理和分析挖掘；保障科学数据安全，依法依规开放共享；提供全省科学数据业务宣传、培训、咨询服务；加强国内外科学数据交流与合作，深层次挖掘科学数据的知识价值，为产业提供更精准的数据服务。广东省科学数据服务管理中心在广东省科技资源共享服务平台的基础上建立广东省科学数据服务平台模块，汇交各类科学数据，发布科学数据资源和相关信息，实现多领域科学数据的统一管理和发布。

2. 10家省级科学数据中心

（1）广东省基因组科学数据中心

广东省基因组科学数据中心依托单位为深圳华大生命科学研究院，旨在建成具有全国领先水平、具备广东省特色、支撑科研创新和产业转型升级的数据中心。中心通过统一汇集基因和表型数据资源，运用前沿的大数据和人工智能技术，对生物大数据进行建模分析和深度挖掘，促进生命科学和信息技术交叉融合，培育BT+IT复合型人才，助力生物产业"数智化"转型与升级。中心以数字化特色资源为基础，加速产业链各环节数据积累与聚集，使大数据真正成为高效产业成果转化体系建设、数据交易服务中心应用转化的创新驱动力。

广东省基因组科学数据中心围绕重大任务布局，以数据/网络安全为基本点，拓展与多领域大科研基础设施的创新合作，搭建样本信息共享平台 EBB 和序列归档系统 CNSA，EBB 平台累计共享样本超 65 万管；CNSA 新增数据归档量 3.1PB，同比增长 24%，累计 9.3PB，用户满意度达 91.6%；归档数据规模在全球同类型基因组科学数据中心排名第五；打通 CNGBdb 平台与广东省科技资源共享服务平台数据接口，累计完成 26 个数据集及摘要的收集、整理与汇交工作。

（2）广东省地理科学数据中心

①广东省地理科学数据中心（地理所）依托单位为广东省科学院广州地理研究所，旨在建成粤港澳大湾区综合性地理科学数据汇集与共享中心，为粤港澳大湾区地理科学研究、政府决策、产业发展和科学普及提供数据支撑，并为建设国家级"粤港澳大湾区科学数据中心"奠定基础。数据中心将依托建设单位和联盟单位积累的华南地区综合科学考察资料以及对地观测、社会经济和野外台站观测等数据，通过系统研究和工程建设，实现长期、持续的数据共享服务。

广东省地理科学数据中心（地理所）遵照科学数据汇交计划与相关标准规范，通过自行采集和生产、项目组汇交、数据联盟单位共享、网络开放共享数据集成等多种方式，开展地理科学数据的梳理、汇交工作，并进行数据分类、预处理，以及统一编目、标识、规范化重命名和数据文档编写、缩略图生成等数据加工操作，并将数据保存到数据共享平台进行统一管理、共享与维护。数据中心已梳理并汇交了地理科学考察调查历史数据、基础地理数据、科学实验与模拟数据、气候要素数据、社会经济数据、土地利用数据以及遥感产品、遥感影像、野外观测数据等共计 1880 条，保存在数据共享平台的数据总量达到约 50TB。

②广东省地理科学数据中心（测绘院）由广东省国土资源测绘院牵头，联合广州市阿尔法软件信息技术有限公司、中山大学、华南师范大学和华南农业大学 4 家单位共同建设，形成高效的"产学研用"协同创新全链条合作体系。中心围绕粤港澳大湾区国家重大战略需求、广东科技创新强省建设需求，着眼

于粤港澳大湾区地理科学数据，通过数据标准制订、数据汇交机制与分级分类方法探索、分析评价与知识挖掘模型开发、数据共享服务与安全机制等理论与技术研究，构建大湾区地理科学数据在线服务系统。中心拥有覆盖大湾区长时间序列海量地理信息数据及专题数据，包括米级、亚米级航空航天遥感影像，数字线划图及数字高程模型等数字产品、电子地图等公共服务数据产品，地表覆盖及变化监测数据产品，遥感解译数据、大气海洋数据、土壤数据、生态环境数据、标注数据集以及海洋和湖泊沉积物、人口移动、经济产业等自然地理与人文地理科学数据。数据来源主要包括数据中心承担单位和共建单位对已有数据资源进行整合汇交，数据中心各成员单位进行的数据产品研发以及其他科研院所、企事业单位的汇交数据。

广东省地理科学数据中心（测绘院）为粤港澳大湾区相关科研机构开展科学研究提供数据支持，推动地理科学数据的流转、利用和增值，加速大湾区地理科学研究和科技成果产出，强化大湾区科技创新基础能力建设；为大湾区城市群空间格局优化调整、生态文明建设等提供重要的数据支撑和技术服务，一定程度上推动大湾区世界级城市群建设、宜居宜业宜游优质生活圈打造、国际科技创新中心构建等战略定位目标的实现，支撑粤港澳大湾区高质量发展。中心支持用户在平台无偿下载使用公开数据；提供数据处理加工服务，生产用户所需要的数据产品[①]。

（3）广东省林业科学数据中心

广东省林业科学数据中心依托单位为广东省林业科学研究院，旨在围绕森林资源、生态环境、森林培育等12个主题，构建集林业科学数据资源、知识资源和IT基础设施资源为一体的融合式林业科学数据服务平台。中心面向林业科学领域以及全社会提供专业化、多类型的数据注册、汇交、发布、浏览、查询、获取等共享服务；面向国家和广东省重大战略和科技创新需求，提供数据标准咨询、数据规范制定、数据产品加工、数据挖掘分析等深度对接、定制化专题服务。

---

① 关晓晴.在可持续发展前提下让资源匹配需求——广东省国土资源测绘院院长刘小丁谈"东数西算"[J].中国测绘，2022（8）：15–18.

广东省林业科学数据中心数据主要来自省内部分高校、科研机构及企业实验室体系产生的科学数据，省内已建的国家级、省级生态监测站产生的科学数据，科学家个人的科学数据等。中心逐步开展规范编制、平台建设和数据整合工作，统筹协调、稳步推进，保障平台上线、数据梳理、数据共享等工作的质量和成效。中心已经完成广东东江源森林生态系统国家定位观测研究站等15个生态站2020年、2021年和2022年数据的收集，已形成12大类、80余中类、数百小类的数据资源体系。

（4）广东省中医药科学数据中心[①]

广东省中医药科学数据中心依托单位为广州中医药大学第二附属医院（广东省中医院），旨在开发中医药科学数据中心基础平台及在线服务系统，通过中医药标准化、名老中医经验传承、岭南道地药材三个示范性专题库建设，探索广东省中医药科学数据权威汇聚、长期保存、开放共享、分析挖掘、应用服务等模式，并实现与广东省科技资源共享网数据在线汇交、共享。中心扩展建设中医药数据挖掘与传承、中医药方剂与装备、中医药公共卫生应急、中医药制剂研发等中医药领域特色专题库，充分发挥中医药基础科学数据在广东省中医药强省、粤港澳大湾区中医药高地建设的基础支撑作用。

广东省中医药科学数据中心已经基本完成数据汇交、共享平台功能开发，打通与粤科会接口，实现中医药标准化、名老中医经验传承、岭南道地药材、新型冠状病毒肺炎科研数据等示范性专题库科学数据汇交。

（5）广东省岭南特色农业科学数据中心

广东省岭南特色农业科学数据中心依托单位为广东省农业科学院农业经济与信息研究所，旨在面向种业科技、农业资源与环境、动植物疫病虫害、智慧农业、农业经济与区划、绿色生产与保鲜加工等领域，开展科学数据汇交、审核、分类存储和规范共享，最终形成服务广东、辐射华南，集资源汇聚、创新应用、安全流动、数据服务等功能于一体的专业领域科学数据中心。

中心以岭南特色农业科学数据资源建设为核心，以资源开放共享服务为目

---

① 广东省中医院. 广东省中医药科学数据中心［EB/OL］.［2023-03-24］. https：//www.gdhtcm.com/.

标，基本完成平台门户网站建设，积极对接涉农院校的各科研团队，已构建标准规范——《广东省岭南特色农业科学数据中心科技资源标识标准》，收集、整理和上线100个以上科学元数据信息、40个以上科普知识内容；面向作物种业、畜禽种业、作物病害、农业经济、农业区划、农业物联网监测、农业遥感监测、论文关联数据等12个专题，已梳理107个科学数据集，并完成平台汇交功能开发和测试，实现数据集全部上线至平台。

（6）广东省珠江流域水环境科学数据中心

广东省珠江流域水环境科学数据中心依托单位为生态环境部华南环境科学研究所，旨在通过采集存储多源水环境质量科学数据，搭建珠江流域水环境科学数据平台，推动科学数据流转、利用和增值，提升科技公共服务水平，助力珠江流域水环境质量提升。中心开展水环境常规污染因子和新污染物监测、多源数据汇交体系研究，研制资源目录，探索数据治理、分级分类治理模式，整编数据资产，构建数据中心和在线服务平台，对外提供数据服务，开展水环境质量及健康状况分析和政策建议研究。

广东省珠江流域水环境科学数据中心拥有珠江流域水环境质量科学数据，主要包括通过自动监测、手动监测获取的水质、水生态、水文实测数据，国家级、流域级和省级专项调查数据。中心拥有各类科研项目积累的数据以及多尺度、多源的地理与遥感数据。中心拥有超27亿条数据，存储量超10万GB；建有第二次全国污染源普查数据灾备中心、全国重点环境健康调查数据中心、珠江流域生态环境数据资源中心，搭建了珠江流域生态环境大数据平台、珠江水文站网络管理平台、珠江流域水资源管理系统、珠江流域水资源监控系统、珠江流域生态流量监管平台、珠江下游水质预测预警系统等。

（7）广东省海洋气象科学数据中心

广东省海洋气象科学数据中心依托单位为中国气象局广州热带海洋气象研究所，旨在依托广东省先进的现代化气象业务观测站网和申报单位的科学试验基地和大型科考船优势，构建海洋气象科学数据综合处理与共享服务平台，采集海洋气象综合观测平台科学试验、船舶走航和海岛气象站等数据，建立南海海洋灾害性天气数据集和南海区域高分辨率的海洋气象要素融合分析数据集，加强海洋气象领域数据应用技术创新,分析海洋灾害性天气成因和机理,加强预判预警能力,为提升广东海洋气象防灾减灾能力、服务海洋强国战略提供科技支撑。

广东省海洋气象科学数据中心拥有大量长期的海洋气象科研与业务数据。首先,中心拥有气象业务台站的海洋气象观测数据,在广东沿海建设约60个海岛自动气象站和6个浮标站等;其次,中心建设了多个海洋气象科学试验基地,包括具有国际先进水平的两个国家级野外科学试验基地、中国气象局南海(博贺)海洋气象科学试验基地和中国气象局龙门云物理野外科学试验基地,这些基地安装了先进的海洋气象观测设备,常年稳定运行。

(8)广东省临床医学科学数据中心

广东省临床医学科学数据中心依托单位为广东省卫生健康委员会事务中心,旨在通过采集汇交医疗卫生机构、科研机构等的医学科研信息、临床专科科学信息,建设全生命周期、全病程维度、多模态数据资源仓库;建立分类、分级、分域的临床数据规范标准;促进医学多源数据资源整合和深度挖掘应用,推动卫生健康产业发展及临床医学科学研究创新,打造广东省临床医学科学研究高地。

广东省临床医学科学数据中心已建立6000万份居民住院病案、100万份医务人员个案信息、10万份居民卫生服务需求数据等多个大型数据库。通过与已建成的"全民健康信息综合管理平台"对接,中心可以获取广东省全员人口数据库、居民健康档案数据库、电子病历数据库、卫生资源和医疗服务数据库的生物医学海量信息,有效支撑临床科研数据资源库建设。

(9)广东省高致病性病原微生物科学数据中心

广东省高致病性病原微生物科学数据中心依托单位为中山大学,旨在开展高致病性病原微生物科学数据标准化研究、数据汇交与数据质检研究、数据分类分级研究、数据安全保障研究和数据互联共享研究。中心着眼于采集一、二类病原微生物的存活、衰亡、传播及致病等科学数据,解析活细胞与活病原相互作用的超微结构数据,承担高致病性病原微生物科学数据的整合汇交、分级分类、分析挖掘、开放共享和安全保障等职能,为国家重大疫情早期预警、传播控制、临床治疗以及疫苗药物研发提供数据服务。

广东省高致病性病原微生物科学数据中心已建有传染病临床样本资源库，保存有新型冠状病毒等涉及疾控、动物疫控、出入境等相关的一、二类病原微生物数据共20余万份。在数据采集和生成能力方面，项目承担单位及参与单位已建立并运行冷冻电镜研究中心，配备各类样品制备设备近百台（套），配置了专属的图像数据存储和大数据处理计算机，具备数据采集能力。

（10）广东省陆地-海洋生态系统碳中和科学数据中心

广东省陆地-海洋生态系统碳中和科学数据中心依托单位为中山大学，旨在评估生态系统碳源汇对观测数据的迫切需求，发挥建设单位在陆地-海洋碳循环观测和模型方面的优势，建立陆地-海洋碳循环多要素、多系统、长时间序列的集成数据库，并在此基础上构建陆海集成碳源汇实时监测和预报系统，建立碳源汇数据在线共享服务平台，为广东省实现碳中和目标提供数据和模型支撑。

广东省陆地-海洋生态系统碳中和科学数据中心长期从事陆地和海洋生态系统碳循环以及与其紧密相关的生态环境观测和模型模拟研究，积累了大量的观测、遥感和分析数据。所获取的数据可以分为站点和考察观测数据、文献和区域数据。站点和考察观测数据收集了广东省境内14个典型生态系统观测站点的长期观测数据，包括碳通量、碳储量以及关键气象环境要素等。中心通过原位与移动相结合的方式观测大气中CO_2的浓度变化。中心在广州市和珠海市典型街区、居民区、商业区、工业区、公园等区域建立了城市大气中CO_2的浓度观测站点。自2016年，中心已经建立了207个站点，实现了分钟级观测频率、数据实时获取。

3. 国家科学数据中心在粤分中心

（1）国家生态科学数据中心广东分中心

国家生态科学数据中心广东分中心依托单位为中国科学院华南植物园，旨在通过建立大数据中心，汇聚多个观测台站的海量观测和实验数据，建立数据同化系统，定期发布数据产品，服务国家生态系统动态变化监测。中心以网络化生态系统长期观测为主要的生态数据获取途径，通过云计算和大数据分析，服务国家基础科学创新研究。

国家生态科学数据中心广东分中心具有三个国家生态站数据管理系统，均拥有与生态科学相关的水文/水分、土壤、生物（植物、动物、微生物等）、气象四大要素基础数据库，同时还拥有各类科研项目、基础专项和长期实验等的科学数据，以及大量科研成果、科技论文、历史资料等。

（2）国家海洋科学数据中心粤港澳大湾区分中心

国家海洋科学数据中心粤港澳大湾区分中心依托单位为国家海洋局南海信息中心，旨在开展数据收集与保存、涉海科技计划项目数据汇交、海洋科学数据挖掘与产品研制、海洋科学数据应用与服务、项目合作与成果转化、技术交流与人才培养等工作。

国家海洋科学数据中心粤港澳大湾区分中心在粤港澳大湾区及邻近海域的观测设备包括21个海洋环境监测站、4个海上油气平台站、2对地波雷达、5套X波段雷达、11个浮标观测。此外，分中心开发了海洋环境要素统计分析产品和预警预报产品，面向社会公众、地方政府、行业用户提供预警、预报、预测三大类51种产品，为海洋国土空间规划、生态保护修复、防灾减灾等提供科学数据支撑。

（3）国家天文科学数据中心粤港澳大湾区分中心

国家天文科学数据中心粤港澳大湾区分中心依托单位为广州大学，旨在承担国家天文科学数据中心数据镜像服务。中心开展海量天文数据处理技术研发，对粤港澳大湾区天文及相关领域科学数据进行汇集和加工，并开发科学数据产品，向总中心和广东省科学数据服务管理中心汇交数据目录和摘要，参与制订和实施天文领域科学数据标准规范与开放共享政策，开展数据开放共享服务。

（4）国家对地观测科学数据中心——粤港澳大湾区应用分中心

国家对地观测科学数据中心广东分中心依托单位为广州大学。中心在国家对地观测科学数据中心和国家高分遥感卫星数据共享交换服务平台基础上，通过"高分+"承载模式，建设粤港澳大湾区国产高分卫星数据立方体，突破信息产品生产关键技术，构建面向城市群精细化管理、自然资源和生态环境的高分应用分平台，为公众提供对地观测科学数据；生产针对广东省的专题数据产品，支持社会经济发展和环境可持续发展，为国家对地观测科学数据中心贡献广东力量；同时，建设亚洲、大洋洲对地观测数据枢纽，通过典型领域的示范应用提升国产卫星数据产品质量，增强我国在国际航天应用领域的服务能力。

3.4.3　野外科学观测研究站情况

野外科学观测研究站是依据我国自然条件的地理分布规律，面向国家和地区社会经济和科技战略布局，为科技创新与经济社会可持续发展提供基础支撑和条件保障的科技创新基地。其主要职责是服务于生态学、地学、农学、环境科学、材料科学等领域发展，获取长期野外定位观测数据并开展高水平科学研究工作，在长期基础数据获得、自然现象和规律认识、推动相关学科领域发展等方面发挥了重要作用[①]。

1. 规模数量

截至2023年3月，在粤单位主持建设的野外科学观测研究站共计32家，其中国家级野外科学观测研究站11家、省级野外科学观测研究站21家（表3-23、表3-24）。第一批4家在粤国家野外科学观测研究站于2005年正式获批，第一批3家省级野外科学观测研究站于2018年正式获批。广东省在2019年、2021年、2022年、2023年分别新增5家、4家、4家、5家省级野外科学观测研究站。

---

① 科学技术部.关于印发《国家野外科学观测研究站管理办法》的通知[N].中华人民共和国国务院公报，2018（34）：66-69.

表3-23 在粤单位主持建设的国家野外科学观测研究站

序号	野外科学观测研究站名称	依托单位	立项时间
1	广东鼎湖山森林生态系统国家野外科学观测研究站	中国科学院华南植物园	2006年
2	广东鹤山森林生态系统国家野外科学观测研究站	中国科学院华南植物园	2005年
3	海南琼海大气环境材料腐蚀国家野外科学观测研究站	中国电器科学研究院股份有限公司	2005年
4	广东广州大气环境材料腐蚀国家野外科学观测研究站	中国电器科学研究院股份有限公司	2005年
5	广东大亚湾海洋生态系统国家野外科学观测研究站	中国科学院南海海洋研究所	2005年
6	海南三亚海洋生态系统国家野外科学观测研究站	中国科学院南海海洋研究所	2006年
7	海南西沙海洋环境国家野外科学观测研究站	中国科学院南海海洋研究所	2021年
8	广东大湾区区域生态环境变化与综合治理国家野外科学观测研究站	深圳市环境监测中心站	2021年
9	海南南沙珊瑚礁生态系统国家野外科学观测研究站	国家海洋局南海环境监测中心、自然资源部第三海洋研究所	2021年
10	广东南岭森林生态系统国家野外科学观测研究站	广东省科学院广州地理研究所	2021年
11	广东港珠澳大桥材料腐蚀与工程安全国家野外科学观测研究站	港珠澳大桥管理局	2021年

表3-24　在粤单位主持建设的广东省野外科学观测研究站

序号	野外科学观测研究站名称	依托单位	立项时间
1	热带亚热带海岸带生态系统观测研究站	中国科学院华南植物园	2018年
2	南岭森林生态系统野外科学观测研究站	广东省科学院广州地理研究所	2018年
3	粤港澳大湾区城市群生态系统观测研究站	广东省科学院广州地理研究所	2018年
4	南海岛礁植被生态系统定位观测研究站	中国科学院华南植物园	2019年
5	广东珠江口生态系统野外科学观测研究站	中国水产科学研究院南海水产研究所	2019年
6	环珠江口气候环境与空气质量变化野外科学观测研究站	中山大学	2019年
7	广东省农田生态系统除草剂安全使用科学观测研究站	广东省农业科学院植物保护研究所	2019年
8	粤北土壤环境野外科学观测研究站	广东省科学院生态环境与土壤研究所	2019年
9	韩江口—南澳岛海洋生态系统野外科学观测研究站	国家海洋局南海环境监测中心	2021年
10	粤东上升流区海洋生态系统综合观测研究站	中国科学院南海海洋研究所	2021年
11	广东梅州水土流失机理与防控系统野外科学观测研究站	广东省科学院生态环境与土壤研究所	2021年
12	大湾区滨海大气环境与气候背景站	南方科技大学	2021年
13	广东省动物疫病野外科学观测研究站	广东省农业科学院动物卫生研究所	2022年

续表

序号	野外科学观测研究站名称	依托单位	立项时间
14	广东省稻田不同耕作模式碳足迹及固碳效应野外科学观测研究站	广东省农业科学院农业资源与环境研究所	2022年
15	广东国家地理标志农产品产地生态系统微生物科学观测研究站	广东省科学院微生物研究所	2022年
16	广东乡村地域系统野外科学观测研究站	广州大学	2022年
17	粤北岩溶区森林生态系统碳水耦合野外观测研究站	中山大学	2023年
18	广东海丰国际候鸟野外科学观测研究站	广东省科学院动物研究所	2023年
19	南岭森林大气环境与碳中和野外科学观测研究站	暨南大学	2023年
20	粤西热带海洋生态环境野外科学观测研究站	广东海洋大学	2023年
21	伶仃洋海洋牧场野外科学观测研究站	南方海洋科学与工程广东省实验室（珠海）	2023年

2. 地域分布

从分布情况来看，32家野外科学观测研究站的主站有27家在广东省布局建设，其余5家设在海南省。研究站数量最多的地市是广州（6家），其次是深圳和韶关（各4家），然后依次是珠海（3家），汕头、梅州（各2家），汕尾、湛江、江门、肇庆、茂名、清远（各1家）。在粤野外科学观测研究站多呈现"核心＋基地"的布局特点，同步建有主站及多个基地。例如，环珠江口气候环境与空气质量变化野外科学观测研究站，由"增城、广州、深圳塔、中山大学珠海校区、东澳岛、平沙"6个基地，中山大学环境气象综合观测车、"中山大学"号海洋综合科考实习船2个移动探测平台组成。其中，中山大学珠海校区为主站。

3. 学科领域

32家野外科学观测研究站研究领域呈现多学科交叉融合的模式，涉及生态学的有19家、环境科学的有17家、地学的有15家、农学的有7家、材料科学的有3家、大气科学的有1家。以粤北土壤环境野外科学观测研究站和广东大亚湾生态系统国家野外科学观测研究站为例，两家研究站重点研究领域均涵盖生态学、地学、环境科学、农学。

4. 观测数据

野外科学观测研究站围绕广东生态环境、空气质量、材料腐蚀等重点领域开展了长期观测，积累了大量、连续、具有自主知识产权的第一手观测数据，其中最长连续观测时间为31年以上的野外科学观测研究站高达9家。部分研究站连续观测时间长达68年（如广东鼎湖山森林生态系统国家野外科学观测研究站）。

3.4.4 支持建设的主要做法

由于大科学装置利用与共享情况与大型科研仪器相似，所以本节不再赘述。本节主要介绍支持野外科学观测研究站、科学数据中心等科技基础条件平台建设的做法。

在制度建设上，《广东省科学数据中心建设方案》提出坚持以"科学谋划、健全体系、加强管理、开放共享"的基本原则建设广东省科学数据中心。《广东省实验室体系建设"十四五"规划》明确指出"组织开展大湾区周边毗邻地区综合科学考察；加强广东省科技资源共享网建设，推进大型科研仪器设施、生物种质资源、科学数据等科技资源开放共享"。

在体系布局上，广东省聚焦国家重大需求，坚持科学谋划、健全体系、加强管理和开放共享，持续改善科技支撑保障条件，发挥科技基础条件平台引领驱动作用。广东省科学数据中心采取"1家服务管理中心+N家领域科学数中心+N家国家科学数据在粤分中心"建设模式。为推动科技资源共享，广东省还布局建设了广东省科技资源共享服务平台、广东省科技文献共享平台等公益性服务平台。

在运行管理上，一是根据各类科技基础条件平台目标任务和发展定位，实施精准服务、分类指导。野外科学观测研究站重在获取长期野外定位观测数据，科学数据中心重在对科学数据进行汇交、存储与利用。二是鼓励多方参与，不断提升科技基础条件平台创新能力。广东省野外科学观测研究站联盟于2023年3月正式成立，推动了野外站交流与合作、协同创新和合作科学的研究，促进了科学研究的深入和推广。三是加强科技基础条件资源整合与共享，提高科技基础条件资源使用效率。《平台基地及科技基础条件建设项目申报指南》要求科技基础条件平台将项目完成后形成的科技资源在广东省科技资源共享服务平台上开放共享。

第四章

广东省科技资源建设与共享情况的定位分析

2021年,科学技术部、财政部联合开展国家科技基础条件资源调查工作,对26个国务院部门和31个省(自治区、直辖市)3000余家高等学校及科研机构的大型科研仪器、生物种质资源以及实验技术人员情况开展调查。目前,大型科研仪器具有信息较为全面、资金投入大、用户需求大、共享工作较为成熟等特点,因此,著者基于国家及各省市发布的相关研究报告及重大科研基础设施和大型科研仪器国家网络管理平台的相关数据,总结分析广东省大型科研仪器的建设水平。

4.1 参与调查的法人单位总体分布

广东省参与国家科技基础条件资源调查的单位规模较大。2021年广东省参与科技资源调查的单位总量为225家，略少于北京市、湖北省，占全国法人单位总量的比重为7.4%。参与调查的单位数量排名前10位的省级行政区，其参与调查的单位数量均超过100家（图4-1）。由此可见，广东省拥有大型科研仪器、生物种质资源、大科学装置以及科学数据的单位比较多。

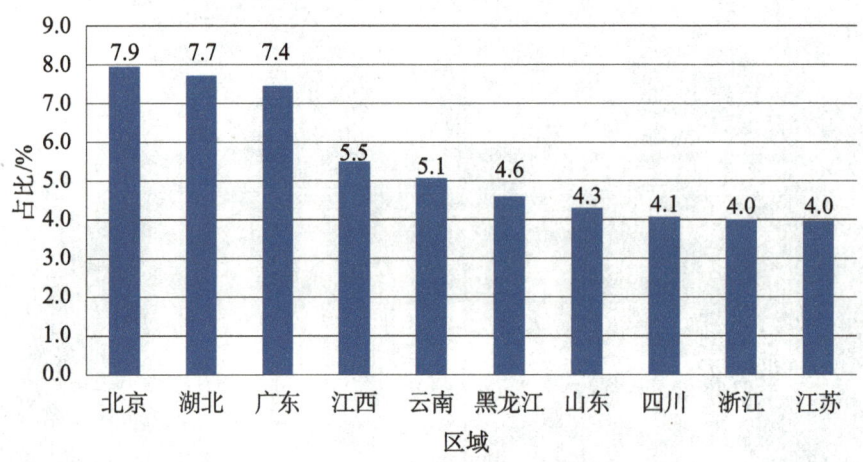

图4-1　参与调查的单位数量排前10位的省级行政区

广东省参与调查的中央部门所属单位数量位居全国第四位。广东省参与调查的225家单位中，九成为广东省所属单位，为201家；中央部门所属单位数量为24家。从中央部门所属单位在各省市的分布来看，分布在广东省的中央部门所属单位占比约为6.0%，位居全国第四位；分布在北京市的中央部门所属单位占比为43.1%；分布在上海市的中央部门所属单位占比为7.0%；分布在江苏省的中央部门所属单位占比 6.2%。分布在广东省的参加调查的中央部门所属单位在数量上并不占优势。

广东省参与调查的单位约 40% 为科研院所。从参与调查的单位的属性来看,广东省拥有科技资源的单位以科研院所为主,占总量的 40.9%;高等学校参与调查的单位数量占调查单位总量的 12.9%。从全国来看,高等学校参与调查的单位数量约占调查单位总量的 25.7%。

4.2 大型科研仪器情况

截至2020年底，全国拥有大型科研仪器总量为12.5万台（套），原值总额为1804亿元。受经济发展、产业布局等因素影响，各省市拥有的大型科研仪器数量与原值有较大差异，且仪器开放共享水平及模式也各具特色。其中广东省大型科研仪器数量达到12197台（套），位居全国第二位，仅次于北京。广东省大型科研仪器主要集中在高等学校，且以原值为50万～200万元的仪器为主。近年来，广东省大型科研仪器的开放共享工作也取得了一定的成效，广东省所属单位年平均有效工作机时位居全国首位。

4.2.1 大型科研仪器总体规模

广东省大型科研仪器规模位居全国第二。截至2020年底，广东省拥有大型科研仪器12 197台（套），占全国总量的9.7%；原值总计186.9亿元，占全国总原值的10.4%。从全国省级行政区的大型科研仪器数量来看，北京市拥有的大型科研仪器数量与原值远超其他省市，广东省大型科研仪器总量仅次于北京市。江苏省、上海市大型科研仪器数量差距较小，分别位居第三、第四位（图4-2）。

广东省大型科研仪器数量年均增长率高于全国平均水平。2011—2020年，广东省大型科研仪器由1670台（套）增加到2020年的12 197台（套），增加了6倍之多，年均增长24.7%，高于全国21.1%的平均水平；仪器原值年均增长率为27.8%，高于全国22.1%的平均水平。

广东省平均每家单位拥有大型科研仪器64台（套）。从平均每家单位拥有的大型科研仪器的数量来看，上海市平均每家受调查单位拥有大型科研仪器近

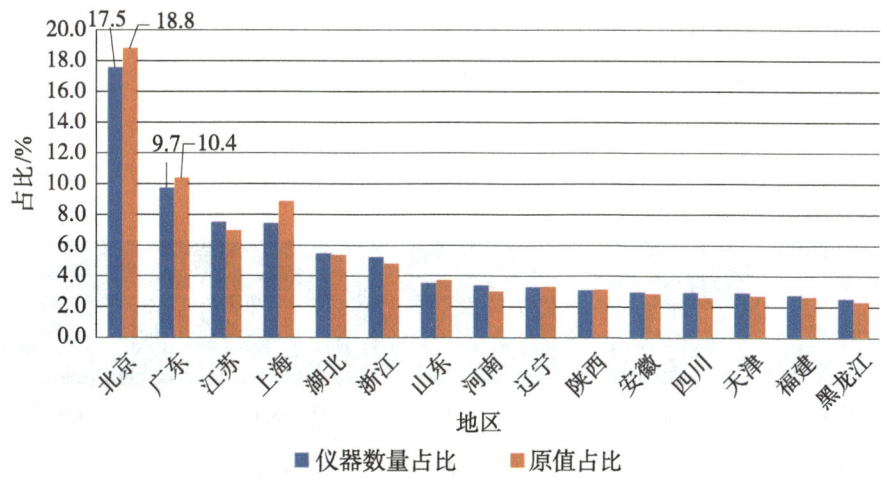

图4-2 仪器数量排全国前15名的省级行政区的仪器数量及原值占比情况

170台（套），为全国最多。北京市平均每家受调查单位拥有大型科研仪器约100台（套）。江苏省、陕西省及天津市平均每家受调查单位拥有的大型科研仪器数量也较多，分别为85台（套）、85台（套）、82台（套）。广东省平均每家受调查单位拥有的大型科研仪器数量为64台（套）。

从省级行政区所属单位拥有的大型科研仪器数量来看，广东省所属单位拥有的大型科研仪器数量远高于其他省级行政区，占省级行政区所属单位拥有的大型科研仪器总量的13.1%，总原值占比为14.8%。江苏省所属单位拥有的大型科研仪器数量占比为7.6%，浙江省所属单位拥有的大型科研仪器数量占比为7.0%，原值占比分别为7.4%、6.6%。2011—2020年，广东省所属单位拥有的大型科研仪器数量年均增长率为24.4%，总原值年均增长率为27.5%，高于省级行政区所属单位拥有的大型科研仪器的数量与总原值年均增长率。

4.2.2 大型科研仪器按隶属关系分布的情况

从全国总体情况来看，省市所属单位的大型科研仪器数量略高于中央部门所属单位大型科研仪器数量，其比重为52.8%。但省市所属单位的大型科研仪器总原值低于中央部门所属单位的大型科研仪器总原值，其比重为47.9%。广东省所属单位拥有的大型科研仪器数量占总量的71.1%，原值占比为68.4%，均高于广东省中央部门所属单位的大型科研仪器（表4-1）。

表4-1 不同隶属关系的仪器的数量与原值占比

单位：%

地区	数量		原值	
	省市所属单位仪器占比	中央部门所属单位仪器占比	省市所属单位仪器占比	中央部门所属单位仪器占比
广东	71.1	28.9	68.4	31.6
全国	52.8	47.2	47.9	52.1

从中央部门所属单位拥有的大型科研仪器的数量来看，北京、上海、江苏、广东的中央部门所属单位拥有仪器数量占全国中央部门所属单位的大型科研仪器总量的57.3%，其中，在粤中央部门所属单位拥有的仪器数量所占比重为6.3%（图4-3）。

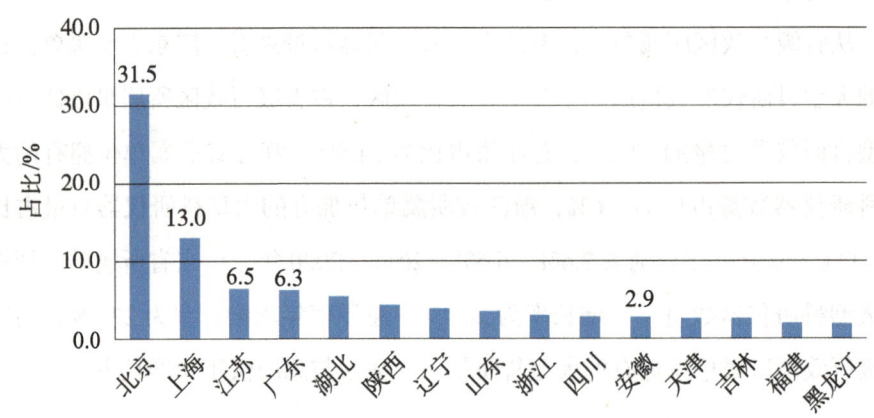

图4-3 中央部门所属单位大型科研仪器在部分省级行政区的分布情况

4.2.3 大型科研仪器按单位属性分布的情况

截至2020年底，广东省高等学校拥有的大型科研仪器数量占广东省总量的57.8%，科研院所的占比为31.0%，企业等其他机构的占比为11.2%。北京市科研院所拥有的大型科研仪器数量超过北京市的高等学校，其中位于北京的中国科学院所属单位拥有的大型科研仪器规模较大。甘肃、新疆、云南等地区科研院所拥有的大型科研仪器数量比重也较高。

从各省市不同类型的单位拥有的大型科研仪器在全国的分布来看，北京市科研院所拥有的大型科研仪器数量占全国科研院所大型科研仪器总量的29.8%，广东省高等学校拥有的科研仪器数量占全国高等学校大型科研仪器总量的9.6%。广东省科研院所拥有的大型科研仪器数量占全国科研院所大型科研仪器总量的8.8%。广东省企业及其他性质单位拥有的大型科研仪器占全国的比重较高，为17.5%。

4.2.4 大型科研仪器按原值区间分布的情况

广东省原值为50万（含）～200万元的大型科研仪器占比超过八成。截至2020年底，全国12.5万台（套）大型科研仪器中，原值为50万（含）～200万元的大型科研仪器的数量占总量的83.7%。广东省原值为50万（含）～200万元的科研仪器的数量占广东省总量的82.3%，略低于全国平均水平。

广东省原值在500万元及以上的仪器占比相对较高。从原值500万元及以上的科研仪器的占比来看，上海的原值为500万元及以上的仪器占比最高，为4.4%；其次为贵州省，占比为3.6%；广东省为363台（套），占比为3.0%（表4-2）。

表4-2　部分省市不同原值区间的大型科研仪器数量占比

单位：%

地区	50万元（含）～200万元	200万元（含）～500万元	500万元（含）～1000万元	1000万元及以上
上海市	78.5	17.1	3.3	1.1
贵州省	81.0	15.5	2.1	1.5
北京市	81.6	15.2	2.5	0.8
广东省	82.3	14.7	2.2	0.8

续表

地区	50万元（含）~200万元	200万元（含）~500万元	500万元（含）~1000万元	1000万元及以上
全国	83.7	13.6	2.1	0.6

全国有超 1/5 的原值为 500 万元及以上的大型科研仪器集中在广东省。按原值区间来看，原值为 50 万（含）~200 万元的大型科研仪器中，广东省拥有的数量位居全国第二，占全国此原值范围的仪器总量的 9.6%；原值为 200 万（含）~500 万元的大型科研仪器占比超 1/10，高于除北京市外的其他省级行政区。总体来看，广东省原值在 500 万元及以上的大型科研仪器占全国 500 万元及以上的仪器的比重达到 22.8%，低于北京和上海，位居全国第三位。

广东省原值较高的仪器集中在省属单位。从各省原值在 500 万元及以上的大型科研仪器在中央部门所属与地方单位的分布来看，全国约 63.0% 的仪器集中在中央部门所属单位。16 个省市中，中央部门所属单位拥有的高原值仪器占比超过地方单位，分布于北京市的高原值仪器占比更是高达 92.4%。广东省原值在 500 万元及以上的科研仪器有 363 台（套），其中省属单位拥有的仪器数量占比为 69.4%，中央部门所属单位拥有的仪器数量占比为 30.6%。在广西、河南、江西、内蒙古等地，原值在 500 万元及以上的大型科研仪器均分布于省属单位。

4.2.5 大型科研仪器按类型分布的情况

广东省约半数的大型科研仪器为分析仪器。从分析仪器类型来看，截至 2020 年底，全国参与调查的单位的大型科研仪器数量占比排在前三位的类型分别是分析仪器（53.7%）、物理性能测试仪器（7.4%）和工艺实验设备（7.3%）。在广东省，分析仪器占比为 51.4%，总原值占比为 50.2%；工艺实验设备占比为 8.9%，总原值占比为 9.0%；物理性能测试仪器占比为 4.9%，总原值占比为 3.9%（表 4-3）。一些省份分析仪器占比较高，如海南、内蒙古、云南等省的分析仪器占本省大型科研仪器的比重超过 70%。

表4-3 不同类型的大型科研仪器数量占本省仪器总量的比重

单位：%

地区	分析仪器	物理性能测试仪器	工艺实验设备	计量仪器	电子测量仪器	医学诊断仪器
广东省	51.4	4.9	8.9	3.2	4.2	5.8
全国	53.7	7.4	7.3	4.9	4.1	3.7

从各类仪器的原值范围来看，各类型仪器仍以原值50万（含）~200万元仪器为主（图4-4）。如天文仪器虽然数量较少，但单台（套）原值较高。全国高等学校和科研院所拥有的天文仪器占全部仪器的0.1%，但25%的天文仪器原值超过500万元。广东省原值在500万元及以上的天文仪器占广东省全部科研仪器的比重与全国水平持平。原值在500万元及以上的地球探测仪器、电子测量仪器所占比例也相对较高。

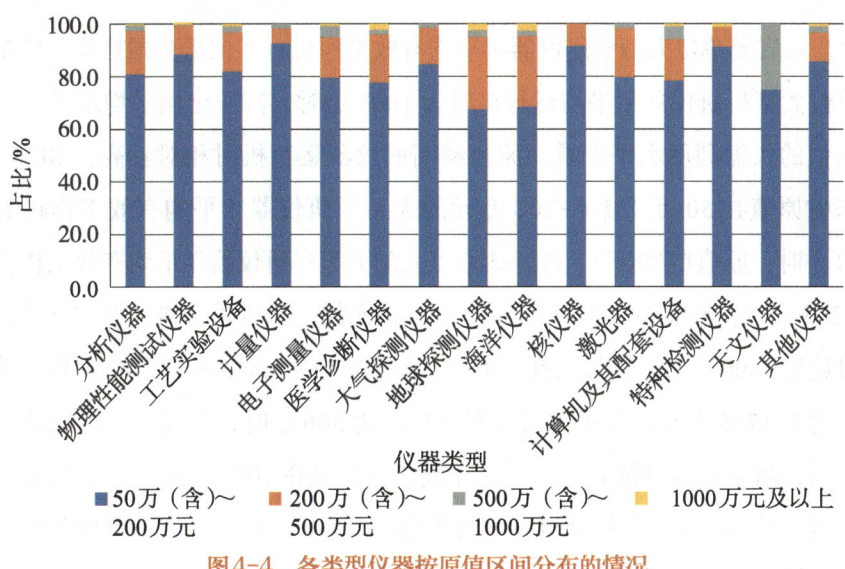

图4-4 各类型仪器按原值区间分布的情况

广东省多数类型的大型科研仪器数量年均增长率低于全国平均水平。2010—2020年，广东省医学诊断仪器数量年均增长率为25.8%，高于全国平均水平（18.9%）；激光器的数量年均增长率为22.1%，与全国平均水平基本持平；其他仪器的数量的年均增长率均低于全国平均水平（图4-5）。

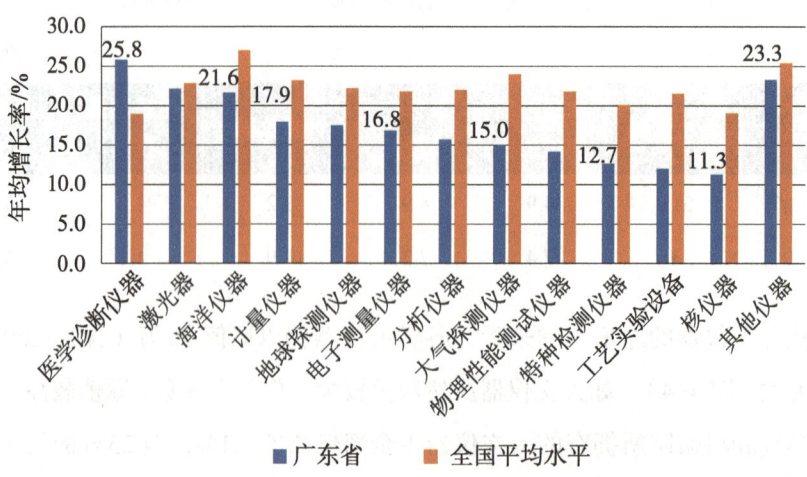

图4-5　2010—2020年广东省与全国的各类型仪器数量年均增长率

4.2.6　大型科研仪器利用与共享情况

广东省属单位大型科研仪器年平均有效工作机时[①]位居全国首位。广东省属单位大型科研仪器年平均运行机时为1087小时，高于全国平均水平。从不同原值的仪器利用水平来看，原值越高的仪器运行机时相对较高。2020年，广东省原值在50万（含）～200万元的大型科研仪器年平均有效工作机时为1140小时，原值在200万（含）～500万元的大型科研仪器年平均有效工作机时为1248小时，原值在500万（含）～1000万元的大型科研仪器年平均有效工作机时达到1600小时；而原值在1000万元及以上的大型科研仪器年平均有效工作机时为1705小时，年平均对外服务机时为366小时，均高于其他原值范围的仪器，高原值科研仪器需求更加旺盛。除原值在1000万元及以上的大型科研仪器年平均有效工作机时相较全国平均水平略低，广东省其他原值范围的科研仪器年平均有效工作机时均高于全国平均水平（图4-6）。

---

① 年平均有效工作机时=年有效工作机时÷大型仪器数量，年平均对外服务机时=年对外服务总机时÷大型仪器数量。

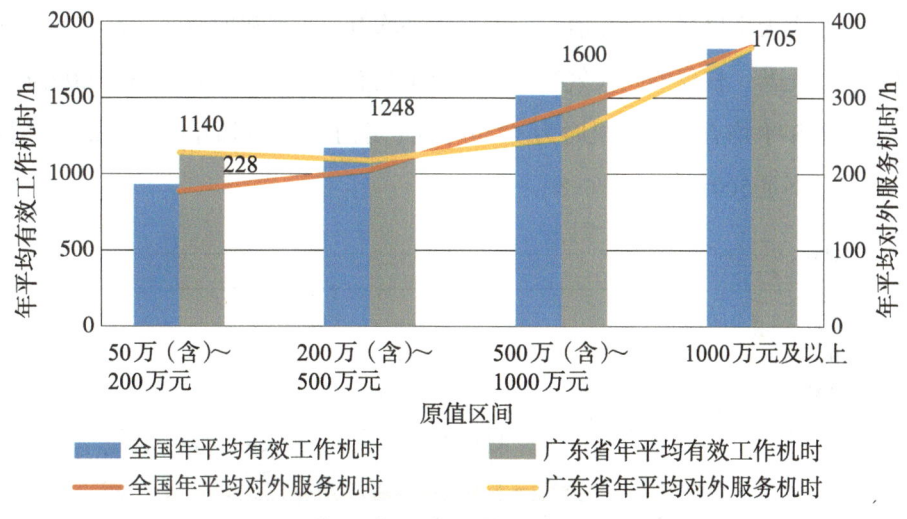

图4-6　2020年不同原值范围的仪器的运行情况

不同年份购置的科研仪器利用情况差异较大。受仪器老旧、性能难以满足科研需求等问题影响，广东省2010年以前购置的大型科研仪器利用率较低，年平均有效工作机时为545小时；2010年之后购置的大型科研仪器的利用率呈现先上升后下降的趋势，2014年购置的仪器平均有效工作机时最长，为1804小时；2016—2020年购置的科研仪器年平均有效工作机时趋于稳定，在1100小时上下浮动（图4-7）。

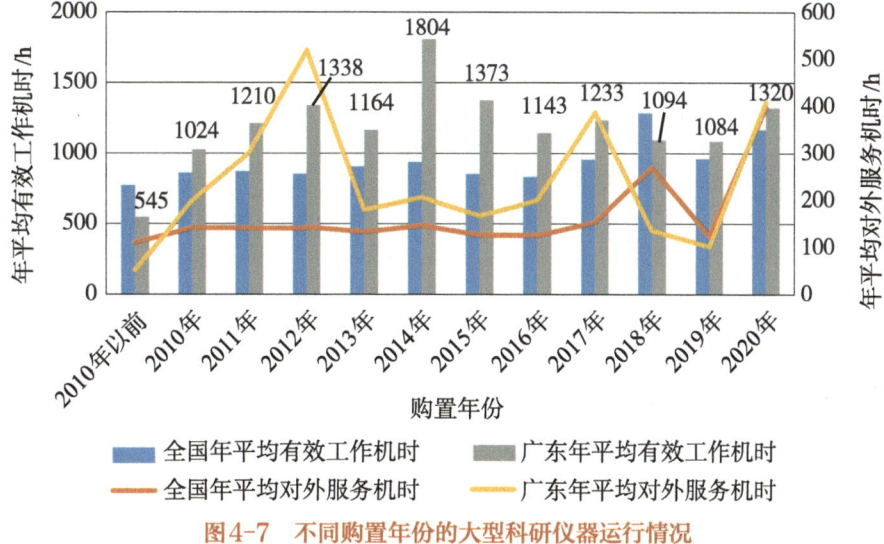

图4-7　不同购置年份的大型科研仪器运行情况

广东省天文仪器、激光器、核仪器年平均有效工作机时较高。广东省天文仪器、激光器、核仪器、大气探测仪器年平均有效工作机时均超过1500小时；分析仪器年平均有效工作机时为1050小时；电子测量仪器年平均有效工作机时最短，不足500小时（图4-8）。

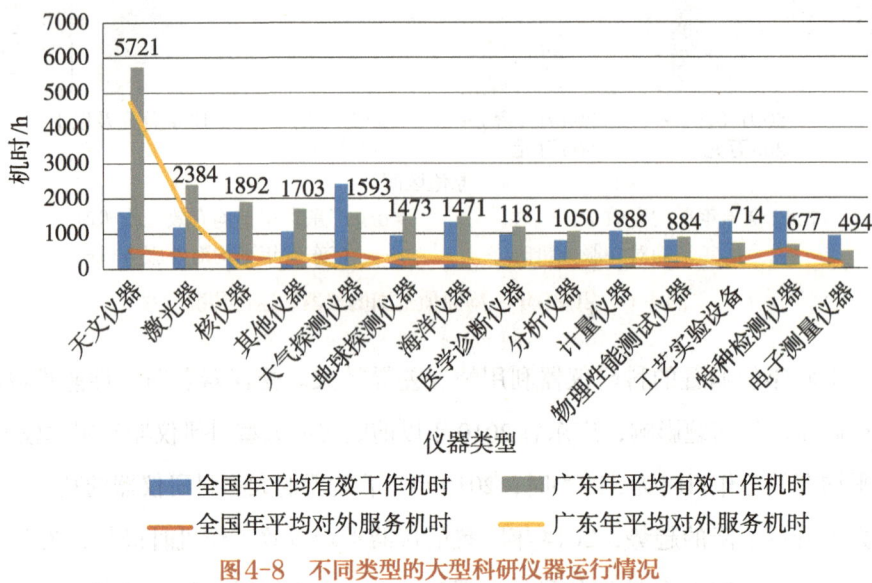

图4-8　不同类型的大型科研仪器运行情况

第五章

区域科技基础条件资源建设与共享情况

2018年11月,中共中央、国务院发布了《关于建立更加有效的区域协调发展新机制的意见》,该意见明确提出推动国家重大区域战略融合发展,以京津冀协同发展、长江经济带发展、粤港澳大湾区建设等重大战略为引领,推动区域协同互动发展。科技基础条件资源是区域科技创新的基础,科技资源共享也是区域协同发展机制探索的重要内容,其中大型科研仪器集聚情况代表着科学研究与科技创新的深度与广度,具有较强的区域分布特点。本章中,著者以大型科研仪器为主要研究对象,对京津冀地区、长三角地区、粤港澳大湾区、成渝地区的科技资源建设与共享的现状及特点进行分析,并结合国家及区域发展需求,对未来区域科技资源建设进行展望。

5.1 区域科技资源发展现状

2021年，相关单位对京津冀地区、长三角地区、粤港澳大湾区及成渝地区具有科技基础条件资源的1189家单位开展了调查[①]，占全部调查单位总量的40%左右。四个区域拥有的大型科研仪器总量为7.46万台（套），仪器数量约占总量的60%；总原值为1098.7亿元，约占全部调查单位仪器总原值的60%。

5.1.1 法人单位区域分布情况

从参与调查单位的分布情况来看，京津冀地区调查单位数量最多，占四个区域总量的33.2%；其次为长三角地区，占比为31.4%；粤港澳大湾区及成渝地区占比分别为18.9%、16.5%。总体来看，京津冀地区、长三角区域，汇聚了丰富的科技基础条件资源（图5-1）。

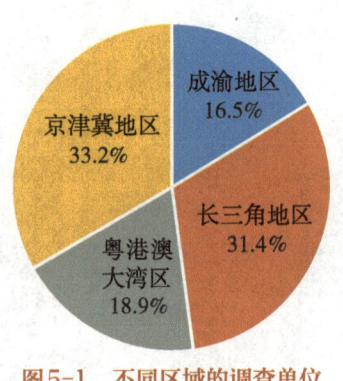

图5-1 不同区域的调查单位数量占比图

四个区域法人单位以科研院所为主。在调查单位中，科研院所的调查单位为598家，占调查单位总量的50.3%；高等学校的调查单位占比为31.0%（图5-2）。

---

① 结合国家区域划分及科技资源调查情况，本章所提及的京津冀地区包括北京市、天津市及河北省，长三角地区包括上海市、江苏省、浙江省及安徽省，粤港澳大湾区包括广东省，成渝地区包括四川省及重庆市。

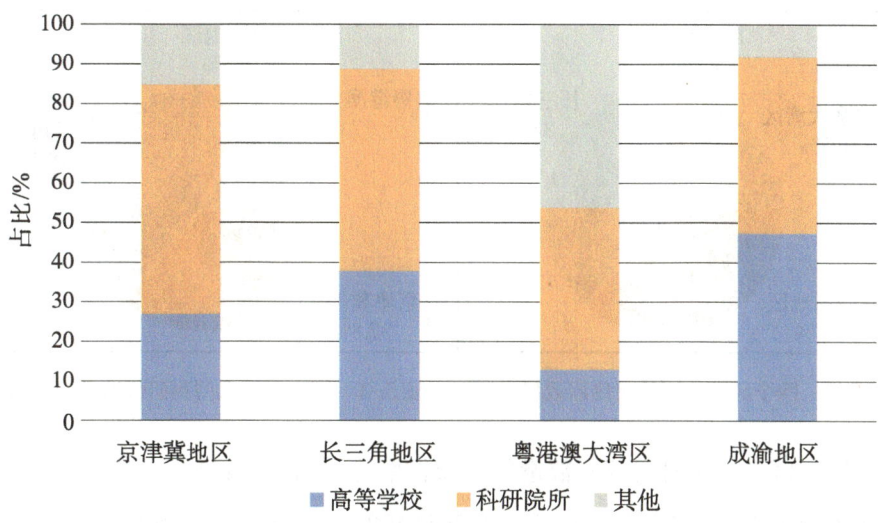

图5-2 各区域不同属性的调查单位的数量分布

5.1.2 大型科研仪器区域分布情况

大型科研仪器为科技发展与创新提供了物质基础。近年来，各区域不断加大大型科研仪器建设力度，促进区域协同发展。各区域大型科研仪器数量不断增长，开放与利用水平不断提升。截至2020年底，四个区域大型科研仪器总量占全国总量的60%，为7.46万台（套），总原值为1098.7亿元。

长三角地区大型科研仪器数量最多。从四个区域大型科研仪器数量来看，长三角地区大型科研仪器数量为2.9万台（套），占四个区域仪器总量的38.7%；总原值为421.5亿元，占比为38.4%。其次为京津冀地区，大型科研仪器数量为2.8万台（套），占四个区域仪器总量的37.3%；总原值为415.6亿元，占比为37.8%。粤港澳大湾区的大型科研仪器数量为1.2万台（套），占比为16.3%；总原值为186.9亿元，占比为17.0%。成渝地区仪器数量最少，占四个区域仪器总量的7.7%（图5-3、图5-4）。

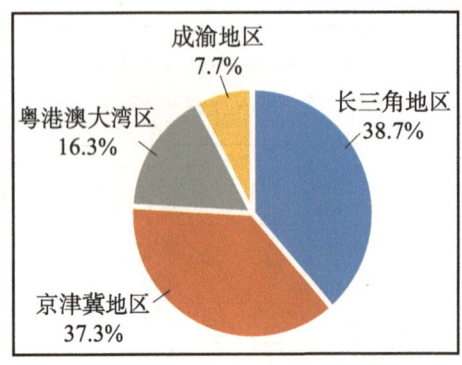
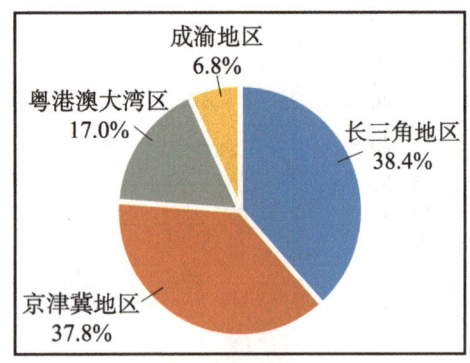

图5-3　四个区域大型科研仪器数量占比　　图5-4　四个区域大型科研仪器总原值占比

四个区域大型科研仪器数量年均增长率约为20%。2011—2020年，四个区域大型科研仪器数量快速增长，由2011年的1.5万台（套）增加至2020年的7.46万台（套），年均增长率[①]近20%。分区域来看，粤港澳大湾区增长最快，为24.7%；其次为成渝地区，年均增长率为20.7%；京津冀地区与长三角地区分别为19.5%、18.6%。值得注意的是，上述大型科研仪器数量年均增长率与每年纳入调查的法人单位数量息息相关，也与当地大型科研仪器新购查重评议情况有关（图5-5）。

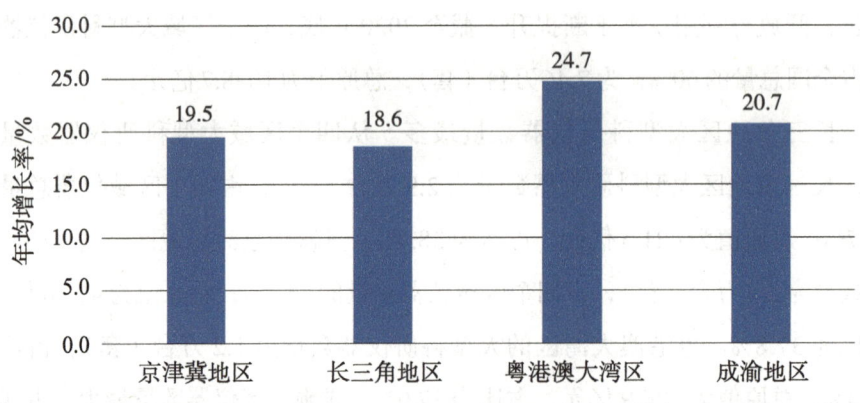

图5-5　2011—2020年四个区域大型科研仪器数量年均增长率

---

① 年均增长率即复合增长率，指一定年限内平均每年增长的速度。计算公式：年均增长率 $= \left(\sqrt[n-1]{\dfrac{\text{本期数据}}{n\text{年前数据}}} - 1 \right) \times 100\%$

中央部门所属单位大型科研仪器数量占比高于省市所属单位。截至2020年底，四个区域中央部门所属单位大型科研仪器数量为4.1万台（套），占比为55.5%；总原值为658亿元，占比为60%。分区域来看，京津冀地区大型科研仪器主要集中在中央部门所属单位，约占总量的75%。长三角地区中央与省市所属单位拥有的大型科研仪器数量相当，占比均约为50%。粤港澳大湾区大型科研仪器以省市所属单位拥有的为主，中央部门所属单位拥有的大型科研仪器数量仅占29%。成渝地区中央部门所属单位拥有的仪器数量占比略高于省市所属单位，为55%；省市所属单位拥有的仪器占比为45%（图5-6）。

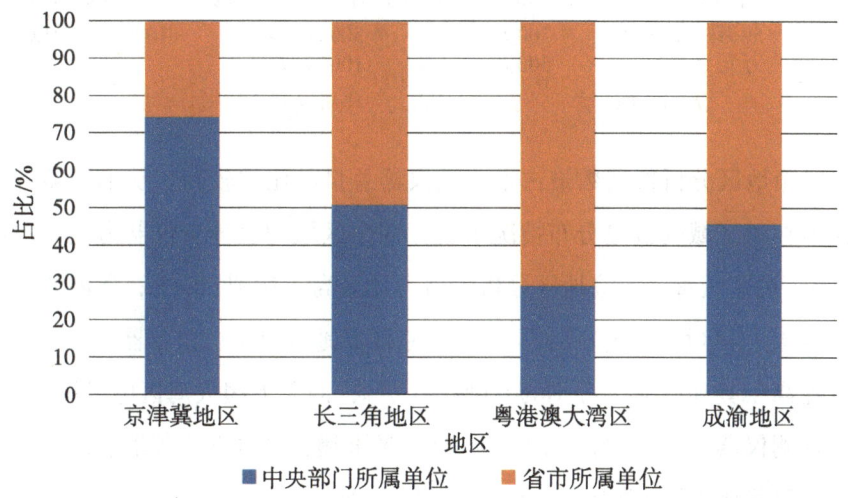

图5-6 四个区域大型科研仪器在中央部门与省市所属单位的分布情况

四大区域内八成以上的大型科研仪器原值为50万（含）~200万元。从原值范围来看，四个区域大型科研仪器以原值为50万（含）~200万元的仪器为主，占总量的比重为82.5%。原值为200万（含）~500万元的仪器占比为14.1%，原值为500万元及以上的大型科研仪器占比为2.9%。分区域来看，京津冀地区、长三角地区不同原值范围的仪器数量占比差别不大，如原值在500万元及以上的科研仪器占比分别为3.0%、2.9%，原值为200万（含）~500万元的科研仪器占比分别为14.5%、14.1%。成渝地区大型科研仪器中，原值为50万（含）~200万元的科研仪器占比为86.5%，原值为200万（含）~500万元的仪器占比为11.6%，均低于其他区域（图5-7）。

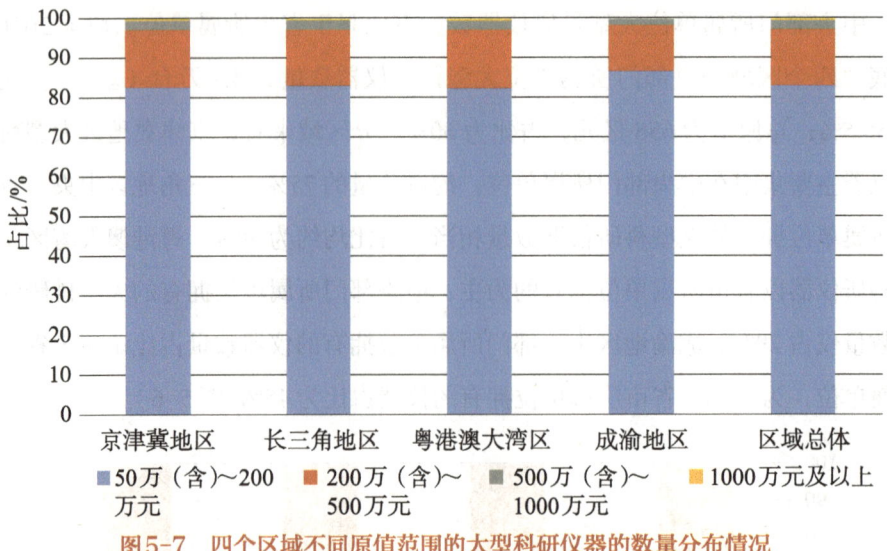

图5-7 四个区域不同原值范围的大型科研仪器的数量分布情况

成渝地区分析仪器数量占本区域仪器总量的比重较高。从不同类型的科研仪器在各区域的数量分布情况来看，四个区域均以分析仪器为主，占比为52.5%。按区域看，成渝地区分析仪器占比最高，达到55.4%；粤港澳大湾区为51.4%。各区域科研仪器各具特色，京津冀地区电子测量仪器、地球探测仪器占比高于其他区域，分别为6.0%、1.7%；而粤港澳大湾区电子测量仪器、地球探测仪器占比分别为4.2%、0.5%。粤港澳大湾区海洋仪器、医学诊断仪器占比明显高于其他区域，分别为2.0%、5.8%（表5-1）。

表5-1 四个区域不同类型的大型科研仪器占比情况

单位：%

仪器类型	京津冀地区	长三角地区	粤港澳大湾区	成渝地区	总计
分析仪器	52.5	52.4	51.4	55.4	52.5
工艺实验设备	7.7	7.9	8.9	6.8	7.9
医学诊断仪器	3.7	2.3	5.8	2.1	3.2
物理性能测试仪器	6.9	8.5	4.9	7.0	7.3
电子测量仪器	6.0	4.5	4.2	3.7	5
计量仪器	5.8	6.5	3.2	4.1	5.6

续表

仪器类型	京津冀地区	长三角地区	粤港澳大湾区	成渝地区	总计
海洋仪器	0.5	1.1	2.0	0.3	1.0
计算机及其配套设备	2.3	0.8	1.4	2.4	1.5
特种检测仪器	1.3	1.1	1.1	0.7	1.1
大气探测仪器	1.0	0.8	0.9	0.9	0.9
激光器	0.7	0.6	0.8	0.6	0.7
地球探测仪器	1.7	0.7	0.5	1.6	1.1
核仪器	0.6	0.5	0.5	0	0.5
天文仪器	0.2	0.1	0.1	0.1	0.1
其他仪器	9.2	12.3	14.3	14.5	11.6
总计	100	100	100	100	100

2011—2020年，京津冀地区分析仪器、地球探测仪器以及计量仪器数量增长较快，年均增长率分别为18.1%、21.8%及17.0%；粤港澳大湾区海洋仪器及天文仪器年均增长率为16.0%、21.7%，高于其他区域；成渝地区工艺试验设备、物理性能测试仪器以及计量仪器数量增长也较快（图5-8）。

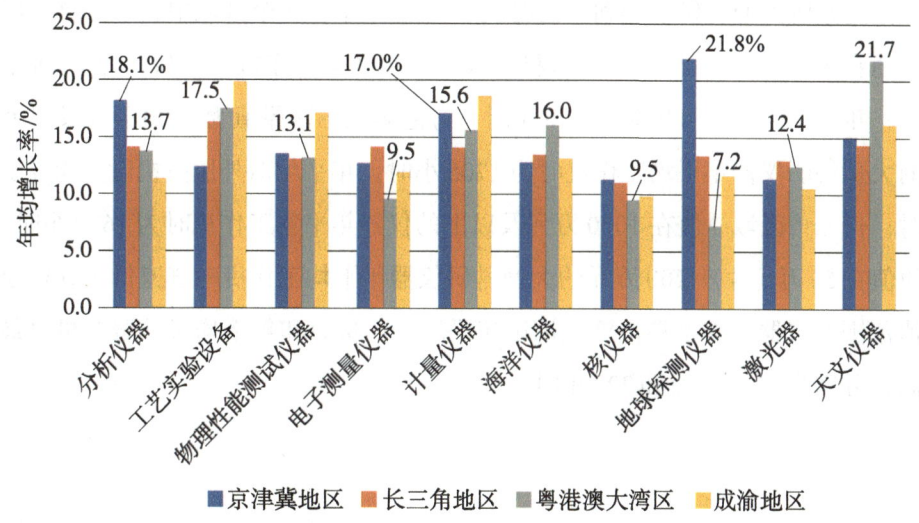

图5-8 2011—2020年不同区域的不同类型的大型科研仪器年均增长情况

粤港澳大湾区、京津冀地区大型科研仪器利用情况相对较好。2020年，粤港澳大湾区大型科研仪器年平均有效工作机时最长，为1171小时；年平均对外服务机时为228小时。京津冀地区大型科研仪器年平均有效工作机时为1048小时，年平均对外服务机时为226小时；长三角地区大型科研仪器年平均有效工作机时为996小时，年平均对外服务机时则仅为150小时。成渝地区大型科研仪器的年平均有效工作机时和年平均对外服务机时均最少（图5-9）。

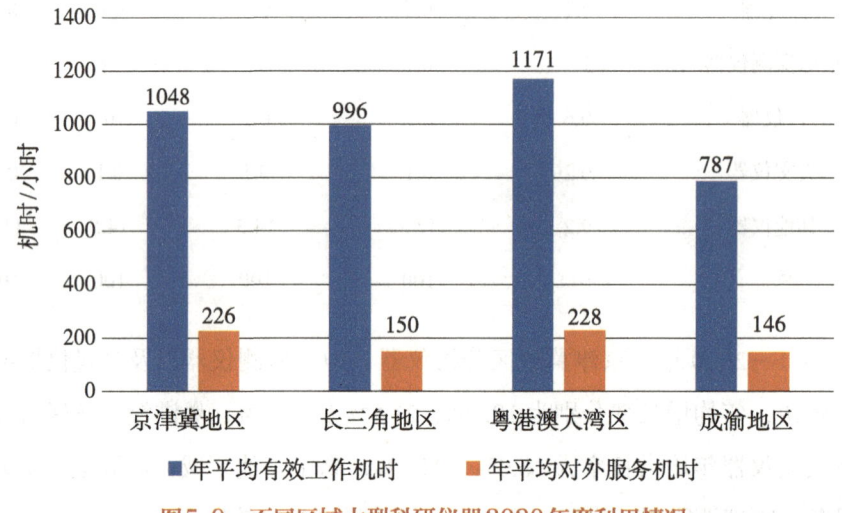

图5-9　不同区域大型科研仪器2020年度利用情况

高原值大型科研仪器利用情况较好。2020年，四个区域中，京津冀地区原值在1000万元及以上的大型科研仪器的年平均工作机时较高，为1878小时；年平均对外服务机时为306小时。粤港澳大湾区原值为1000万元及以上的大型科研仪器年平均工作机时为1705小时，年平均对外服务机时为366小时；长三角区域原值在1000万元及以上的仪器年平均工作机时为1689小时。原值在50万（含）～200万元的大型科研仪器年平均工作机时普遍低于其他原值范围的仪器，其中粤港澳大湾区年平均工作机时和年平均对外服务机时最高，分别为1140小时和228小时。

5.2 区域科技资源发展特点

5.2.1 京津冀区域：具有单极发展模式的特征

京津冀区域包括北京和天津两个直辖市以及河北省，三个行政区域无论是经济发展水平还是科技资源建设规模、发展水平、利用水平都呈现出较大的差别，其中北京作为全国科技创新中心，科技资源优势明显，具有典型的单极发展模式特征。

北京科技资源总体规模远超天津、河北。截至2020年底，北京拥有科技基础条件资源的高等学校及科研院所有240家，占参与调查的京津冀地区单位总量的60.8%；北京拥有的大型科研仪器总量为2.2万台（套），占京津冀地区大型科研仪器总量的79.0%；北京大型科研仪器总原值为339.4亿元，占比为81.6%。河北省与天津市科技基础条件资源的总体规模与北京市差别较大。河北省102家拥有科技基础条件资源的单位拥有的大型科研仪器数量仅为2250台（套），占区域仪器总量的8.1%；总原值为28.2亿元，占比为6.8%。天津市大型科研仪器占比为12.9%，总原值占比为11.6%，略高于河北省（表5-2）。

表5-2 京津冀区域内各省市科技基础条件资源情况

指标	北京市	河北省	天津市
法人单位占比/%	60.8	25.8	13.4
大型科研仪器占比/%	79.0	8.1	12.9
大型科研仪器总原值占比/%	81.6	6.8	11.6

北京市科技基础条件资源建设质量高于其他两个省市。北京市科技基础条件资源在规模不断壮大的基础上，质量水平也在不断提升。北京市平均每个单位拥有的科研仪器为92台（套）；平均每个单位拥有的仪器的总原值为1.41亿元，是河北省的5倍，是天津市的1.5倍（表5-3）。

北京市高原值大型科研仪器数量所占的比重也高于其他两个省市。北京市原值在200万元及以上的科研仪器数量占比为18.4%，总原值占比为50%；河北省原值在200万元及以上的科研仪器数量占比为13.6%，总原值占比为38.5%。天津市原值在200万元及以上的科研仪器数量占比为14.3%，总原值占比为39.5%，河北省与天津市差别较小。北京市原值在500万元及以上的大型科研仪器数量占京津冀区域仪器总量的3.3%，河北省为1.7%，天津市为2.0%。

表5-3 京津冀区域内各省市大型科研仪器分布情况

指标		北京市	河北省	天津市
平均每个单位拥有的仪器数量/[台（套）]		92	22	68
平均每个单位拥有的仪器的总原值/亿元		1.41	0.28	0.90
不同原值的仪器数量占比/%	50万（含）～200万元	81.6	86.4	85.7
	200万（含）～500万元	15.2	11.9	12.3
	500万（含）～1000万元	2.5	1.5	1.6
	1000万元及以上	0.8	0.2	0.4
不同原值的仪器原值占比/%	50万（含）～200万元	50.0	61.5	60.5
	200万（含）～500万元	29.5	28.2	27.1
	500万（含）～1000万元	10.6	7.1	8.2
	1000万元及以上	10.0	3.2	4.2

北京市科技基础条件资源总体利用情况较好。北京市依托丰富的科技基础条件资源开展科技基础条件资源的利用与共享。2020年，北京市高等学校和科研院所拥有的大型科研仪器年平均有效工作机时为1131小时，对外服务机时为264小时。天津市高等学校和科研院所拥有的大型科研仪器年平均有效工

作机时为844小时，对外服务机时为88小时。河北省大型科研仪器年平均有效工作机时仅为557小时（图5-10）。

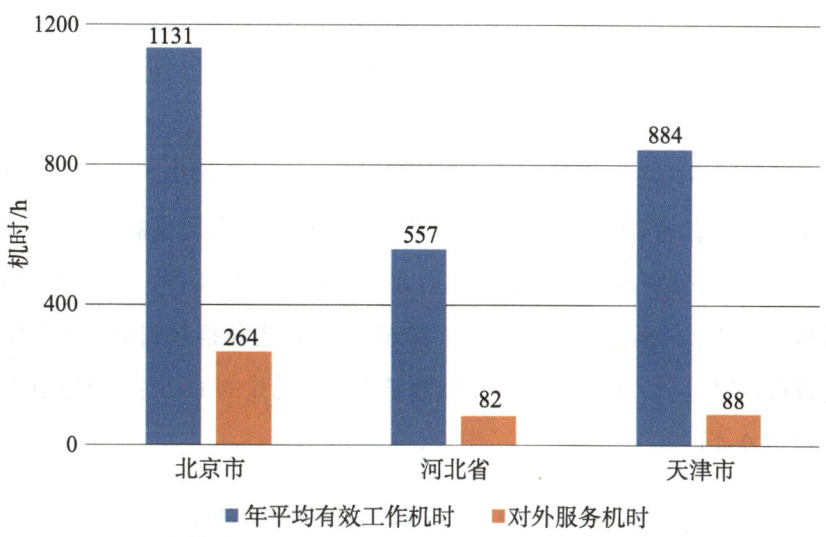

图5-10　2020年京津冀地区内各省市大型科研仪器利用情况

2018年，京津冀地区三地签署《关于共同推进京津冀协同创新共同体建设合作协议（2018—2020年）》，提出推进创新要素与资源共享平台建设，推进区域内科学装置、科技成果等资源共享。同年，京津冀地区科技资源创新服务平台正式发布并提供共享服务，依托这一平台，京津冀地区大型仪器开放共享平台逐步实现京津冀三地"链动"，京津冀地区创新资源开放共享范围越来越大。截至2022年底，京津冀地区综合科技服务平台共汇集了2.2万台（套）大型科研仪器、2500余家科技服务机构、1.8万项科技技术成果。为推进科研仪器对科技型中小企业的共享服务，三地联合印发了《京津冀三地深入促进重大科研基础设施和大型科研仪器开放共享及科技创新券合作工作机制》，组织实施天津市大型科研仪器开放共享平台物联网升级改造。

总体来看，北京市高等学校与大院大所聚集，集中了区域内多数的科研仪器、生物种质等科技基础条件资源，资源的集聚优势明显。由于河北省与天津市的科技创新水平与北京市有较大差距，区域内部科研方向差异较大。在京津冀三地协同发展的背景下，科技基础条件资源的协同发展与共享利用是未来区域发展的重点内容。

5.2.2 长三角区域：区域内各省市均衡发展

长三角地区包括上海市和江苏省、浙江省、安徽省，从科技实力和科技资源拥有量方面看，各省市呈现出均衡发展态势。

长三角区域内各省市科技基础条件规模及水平差距较小。截至2020年底，上海市、江苏省拥有的大型科研仪器数量占区域大型科研仪器总量的32.2%、32.5%，总原值分别占区域总原值的37.8%、29.7%。浙江省大型科研仪器数量占区域总量的22.7%，总原值占比为20.5%。安徽省科技基础条件资源规模与其他省市相比略小，其大型科研仪器数量占区域总量的12.6%，总原值占比为12.0%（表5-4）。

表5-4 长三角区域内各省市大型科研仪器情况

指标	安徽省	江苏省	上海市	浙江省	合计
纳入调查的法人单位数量占比/%	19.6	32.2	15.8	32.4	100
大型科研仪器数量占比/%	12.6	32.5	32.2	22.7	100
大型科研仪器总原值占比/%	12.0	29.7	37.8	20.5	100

上海科技资源建设质量水平高于其他省市。上海市平均每个单位拥有的大型科研仪器为157台（套），是区域内排名第二的江苏省的2倍，平均每个单位拥有的仪器原值为2.7亿元，是江苏省的2倍。上海市高原值科研仪器所占的比例也较高。上海市原值在200万元及以上的科研仪器占比高达21.5%，总原值占比56.2%；浙江省原值在200万元及以上的科研仪器数量占比为14.6%。上海市原值在500万元及以上的大型科研仪器的总原值占比为26.2%，江苏省为13%，浙江省为14.4%，安徽省为19.2%（表5-5）。

表5-5 长三角区域内各省市大型科研仪器建设情况

指标		安徽省	江苏省	上海市	浙江省
平均每个单位拥有的仪器数量/台（套）		50	78	157	54
平均每个单位拥有的仪器原值/万元		6931	10 416	27 029	7145
不同原值的仪器数量占比/%	50万（含）~200万元	85.1	84.8	78.5	85.4
	200万（含）~500万元	11.9	13.0	17.1	12.5
	500万（含）~1000万元	2.4	1.9	3.3	1.7
	1000万元及以上	0.7	0.3	1.1	0.4
不同原值的仪器原值占比/%	50万（含）~200万元	55.0	58.5	43.8	58.1
	200万（含）~500万元	25.9	28.4	30.0	27.5
	500万（含）~1000万元	11.1	9.3	12.2	8.5
	1000万元及以上	8.1	3.7	14.0	5.9

区域内科技基础条件资源利用情况较好。2020年，上海市大型科研仪器年平均有效工作机时为1182小时，对外服务机时为194小时；安徽省大型科研仪器年平均有效工作机时为991小时，对外服务机时为121小时；江苏省大型科研仪器年平均有效工作机时为969小时，对外服务机时为131小时；浙江省大型科研仪器年平均有效工作机时为775小时，对外服务机时为129小时（图5-11）。

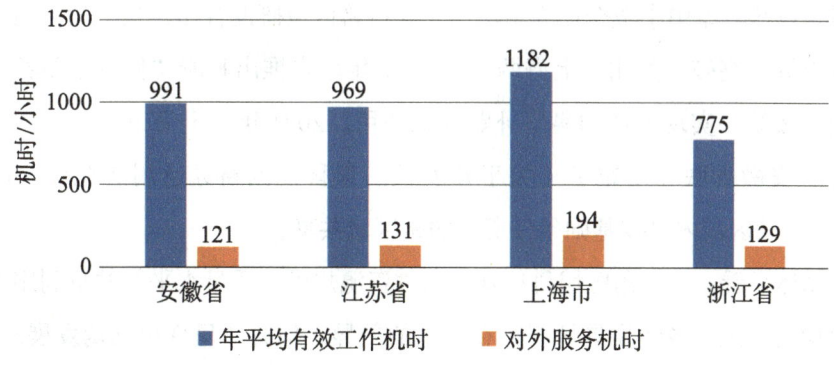

图5-11 2020年长三角区域内各省市大型科研仪器利用情况

为了更好地整合和共享科技资源，促进科研成果的转化和创新能力的提升，长三角地区于2018年开始，积极探索建立"长三角科技资源共享服务平台"。各地区根据自身的科技资源情况，提供相关的数据和信息，通过跨区域的沟通与合作，确立平台的统一标准和数据接口，实现各地科技资源的共通性和互通性。长三角科技资源共享服务平台集成了长三角地区的科技资源信息，包括研究机构、科研人员、科研项目等信息，尤其是汇聚了一批大科学装置、大型科研仪器设备信息，完成了科技资源信息整合与展示，并为区域内高校与科研机构提供开放共享及管理协同等服务。全自动比表面积和孔隙分析仪、200kV场发射透射电子显微镜、扫描探针显微镜、核磁共振波谱仪等来自中国科技大学、中国科学院合肥物质科学研究院、东华大学、上海工程技术大学等多家高校与科研机构的大型科研仪器设备被纳入开放共享名录。截至2022年，长三角地区科技资源共享服务平台汇聚了长三角区域的大科学装置25项、大型科研仪器设备4.46万台（套），汇聚服务机构3180家。平台的建立使得长三角地区的科技资源得以高效整合，避免了资源的重复建设和浪费。基于服务平台，各地的科研机构更加容易展开深度合作，从而加速科研成果的应用和推广，促进科技成果的快速转化。长三角科技资源共享服务平台取得显著成效，为长三角地区的科技创新和产业升级提供有力支持。

此外，长三角地区"科技创新券"的通用进一步激发了跨区域科技基础条件资源共享的活力。2012年9月，江苏宿迁市在全国率先推出科技创新券。2015年以来，科技创新券开始在全国普遍推行实施。各地科技创新券政策支持对象以科技型中小微企业为主。为了支持跨区域研发合作，长三角各地也在制度上寻求突破。苏州、上海两地于2018年率先推出政府"科技创新券"两地通用政策，实现本地的科研补贴异地使用。2021年，上海市、江苏省、浙江省、安徽省联合发布了《关于开展长三角科技创新券通用通兑试点的通知》，推动区域内科技基础条件资源的跨区域共享。

总体来看，长三角区域科技基础条件资源规模、质量水平与共享利用发展较为均衡。虽然各地发展情况存在一定的差异，但总体呈现出均衡发展态势，为长三角地区一体化进程的发展奠定了良好的基础。

5.2.3 粤港澳区域：具备多点外联的巨大潜力

粤港澳区域经济实力雄厚、科技资源丰富，是我国开放程度最高、创新活力最强的区域之一。自2019年2月18日，中共中央、国务院印发《粤港澳大湾区发展规划纲要》以来，广深港、广珠澳科技创新走廊和深港河套、粤澳横琴科技创新极点"两廊两点"架构体系不断完善。广东省不断加强与香港和澳门科技合作，积极推进粤港澳大湾区国际科技创新中心建设，并于2019年9月6日启动建设粤港澳联合实验室。粤港澳联合实验室结合国家战略及粤港澳大湾区科技创新及产业发展实际需求，通过粤港澳三方或两方的紧密合作，推进相关重大科学问题和关键核心技术研究、成果转移转化、人才团队培养引进和高水平创新平台建设等，由粤港澳三方或粤港、粤澳双方具有合作基础的高校、科研机构、企业等法人单位联合建设。粤港澳联合实验室由粤方单位牵头，港澳有关单位联合共建、实质性参与，实行粤港澳主要参与方联合主任制。截至2023年3月，已建设的粤港澳联合实验室有32家（表5-6），均以粤方牵头建设。粤港澳区域科技基础条件资源发展呈现内部多点发力、外部强强联合的模式。

表5-6　已建粤港澳联合实验室名单

序号	实验室名称	牵头单位（参与单位）	获批年度
1	粤港澳光热电能源材料与器件联合实验室	南方科技大学（深圳市瑞丰光电子股份有限公司、深圳新宙邦科技股份有限公司、深圳市比亚迪锂电池有限公司、澳门大学、香港大学、香港科技大学、香港理工大学）	2019年
2	粤港澳光电磁功能材料联合实验室	华南理工大学（香港大学、澳门大学、香港理工大学、香港城市大学、香港科技大学）	2019年
3	粤港澳中子散射科学技术联合实验室	散裂中子源科学中心（香港城市大学、东莞理工学院、澳门大学）	2019年

续表

序号	实验室名称	牵头单位（参与单位）	获批年度
4	粤港澳离散制造智能化联合实验室	广东工业大学（深圳前海信息技术有限公司、泰斗微电子科技有限公司、澳门科技大学、香港城市大学）	2019年
5	粤港澳人机智能协同系统联合实验室	中国科学院深圳先进技术研究院（澳门大学、香港中文大学）	2019年
6	粤港澳呼吸系统传染病联合实验室	广州医科大学附属第一医院（香港科技大学、广州金域医学检验中心有限公司、澳门科技大学、香港中文大学、中国科学院广州生物医药与健康研究院）	2019年
7	粤港慢性肾病免疫与遗传研究联合实验室	广东省人民医院（中山大学附属第一医院、深圳华大生命科学研究院、华南理工大学、香港中文大学）	2019年
8	粤港新发传染病联合实验室	汕头大学医学院（香港大学）	2019年
9	粤港澳环境污染过程与控制联合实验室	中国科学院广州地球化学研究所（香港理工大学、广东省科学院生态环境与土壤研究所）	2019年
10	粤港澳环境质量协同创新联合实验室	暨南大学（广东雪迪龙环境科技有限公司、广州伊创科技股份有限公司、广东省广业环保产业集团有限公司、广州禾信仪器股份有限公司、澳门科技大学、香港科技大学、广东省环境科学研究院）	2019年
11	粤港澳数据驱动下的流体力学与工程应用联合实验室	南方科技大学（香港科技大学、哈尔滨工业大学（深圳）、澳门大学、深圳十洋科技有限公司）	2020年
12	粤港澳智能微纳光电技术联合实验室	佛山科学技术学院（澳门科技大学、香港科技大学、佛山市国星光电股份有限公司）	2020年

续表

序号	实验室名称	牵头单位（参与单位）	获批年度
13	粤港大数据图像和通信应用联合实验室	深圳信息通信研究院（深圳大学、香港城市大学、康佳集团股份有限公司、鹏鼎控股（深圳）股份有限公司、深圳小米通讯技术有限公司、深圳网基科技有限公司、东莞华贝电子科技有限公司）	2020年
14	粤港澳智慧城市联合实验室	深圳大学（香港大学、澳门大学）	2020年
15	粤港量子物质联合实验室	华南师范大学（香港大学、香港科技大学）	2020年
16	粤港RNA医学联合实验室	中山大学（香港大学、澳门大学）	2020年
17	粤港澳中医药与免疫疾病研究联合实验室	广州中医药大学第二附属医院（澳门科技大学、香港浸会大学、澳门大学、广州悦康生物制药有限公司）	2020年
18	粤港澳污染物暴露与健康联合实验室	广东工业大学（南方医科大学、香港浸会大学、澳门科技大学、澳门大学、广州紫科环保科技股份有限公司）	2020年
19	粤港水安全保障联合实验室	北京师范大学珠海校区（广东省水利水电科学研究院、香港科技大学、香港浸会大学、华测检测认证集团股份有限公司）	2020年
20	粤澳先进智能计算联合实验室	广东琴智科技研究院有限公司（澳门大学、中科寒武纪科技股份有限公司、珠海大横琴科技发展有限公司、暨南大学）	2020年
21	粤港澳中药药效物质基础与创新药物研究联合实验室	暨南大学（澳门大学、香港中文大学）	2023年
22	粤港重大精神疾病研究联合实验室	南方医科大学（香港科技大学、香港大学）	2023年

续表

序号	实验室名称	牵头单位（参与单位）	获批年度
23	粤港干细胞与再生医学联合实验室	中国科学院广州生物医药与健康研究院（香港中文大学）	2023年
24	粤港澳新药筛选联合实验室	南方医科大学（香港中文大学、澳门大学、香港浸会大学）	2023年
25	粤港现代表面工程技术联合实验室	广东省科学院新材料研究所（香港城市大学）	2023年
26	粤港有序结构材料的制备与应用联合实验室	汕头大学（香港大学、化学与精细化工广东省实验室）	2023年
27	粤港数据安全与隐私保护联合实验室	暨南大学（香港城市大学、广州芳禾数据有限公司）	2023年
28	粤港智能决策与协同控制联合实验室	广东工业大学（香港大学、香港中文大学、香港科技大学）	2023年
29	粤港澳毫米波与太赫兹联合实验室	华南理工大学（澳门大学、香港中文大学（深圳））	2023年
30	粤港土壤与地下水污染防控及修复联合实验室	南方科技大学（香港大学）	2023年
31	粤港碳中和科学与技术联合实验室	江门双碳实验室（香港科技大学（广州）、香港科技大学）	2023年

广东省连续发布了系列政策措施，发挥港澳的国际化优势和广东改革开放先行先试优势，推进粤港澳区域的科技合作，包括推进科研仪器开放共享、财政科研资金支持、促进科技创新建设、提供通关入境便利措施等。一系列措施支持粤港澳大湾区瞄准世界科技前沿，汇聚粤港澳创新资源，创新科研合作模式。

《广东省推进粤港澳大湾区建设三年行动计划（2018—2020年）》明确了向港澳有序开放国家在广东建设布局的重大科研基础设施和大型科研仪器的相关措施，进一步推动科研仪器等创新要素的跨境自由流动与共享。《广东省人民政府印发关于进一步促进科技创新若干政策措施的通知》（粤府〔2019〕1号）对省财政科研资金跨境支付有了明确规定："允许项目资金直接拨付至港澳两地牵头或参与单位。"《关于鼓励香港特别行政区、澳门特别行政区高等院校和科研机构参与广东省财政科研计划（专项、基金等）组织实施的若干规定（试行）》（粤科规范字〔2019〕1号）指出，允许港澳高校和科研机构牵头或独立参与广东省科技计划项目。《广东省省级财政科研项目资金跨境港澳地区使用管理规程（试行）》（粤财规〔2021〕4号）细化了预算编制和调整、项目执行及资金拨付等。2023年，广州市科技局会同广州海关、广州市商务局、广州市市场监管局和广州市卫生健康委联合印发广州市第一批科研用物资跨境正面清单，以广州实验室和香港科技大学（广州）为试点，出台系列通关便利化措施，为试点单位纳入"正面清单"的物资开通"绿色通道"，相关单位可优先办理检疫审批、单证审核检查等业务，可直接向海关申报通关，无须办理药品进口通关单。动物细胞、血液及其制品等审批时间已由1～2周缩短至1～3天，进境检验检疫时间由3天缩短至1天；区域内已实现SPF级小鼠等实验动物的边隔离边实验。粤港澳大湾区在推动区域大型科研仪器设备开放共享方面也推行了诸多措施，2022年，粤港澳大湾区推动广州国家超算中心南沙分中心的运营和服务推广，为更多港澳用户提供超算资源服务，南沙分中心累计服务港澳及海外科研用户团队超200个。

总之，从科技基础条件资源的协同发展来看，粤港澳大湾区需要充分利用广东省内大科学装置与大型科研仪器、实验动物等的资源优势，以及香港、澳门科研优势，形成优势互补，在科研合作中加强科技资源的流动，积极推进粤港澳大湾区国际科技创新中心建设与粤港澳大湾区经济高质量发展。

5.2.4 成渝地区：形成西部区域资源建设新的增长极

受统计数据来源限制，本书对成渝地区的统计，涵盖了四川省全省以及重庆。总体来看，成渝地区的科技基础条件资源规模与其他区域的差距较大。从区域内部来看，四川省的科技基础条件资源规模大于重庆市。截至2020年底，四川省拥有大型科研仪器的单位占成渝地区拥有大型科研仪器的单位总数的62.8%；四川省拥有的大型科研仪器总量为3613台（套），占成渝地区大型科研仪器总量的62.7%；大型科研仪器总原值为45.8亿元，占比为61.4%。重庆市大型科研仪器利用情况较好，其年平均有效工作机时为831小时，年平均对外服务机时为198小时（表5-7）。

表5-7 成渝地区内省级行政区大型科研仪器情况

指标	四川省	重庆市
法人单位占比/%	62.8	37.2
大型科研仪器占比/%	62.7	37.3
原值在200万元及以上科研仪器占比/%	13.1	14.0
大型科研仪器总原值占比/%	61.4	38.6
年平均有效工作机时/小时	763	831
年平均对外服务机时/小时	115	198

作为推进成渝地区双城经济圈建设的重要举措，2020年四川省科技厅、重庆市科学技术局签署了《川渝科技资源共享合作协议》，明确打造"川渝科技资源共享服务平台"，形成以重庆基地和成都基地为主的"一平台，两基地"格局，激发区域创新活力，服务区域经济社会高质量发展。2021年，川渝科技资源共享服务平台正式发布并启动。平台致力于打通川渝两地科技资源信息壁垒，形成区域协同的科技资源共享合作机制，激发区域创新活力。共享服务平台已整合了川渝两地大型科研仪器1.4万台（套），总价值为112亿元。平台实现了川渝两地用户统一身份认证、一键登录、仪器设备共享等多项功能。在科技资源共享方面，川渝两地以共同推进以大型科研仪器为核心的科技资源数据开放共享为目标，加强大型科研仪器设备数据标准化、智能化和互联互通，积极推动川渝两地科技资源的协同创新，探索大型科研仪器跨区域开放共享的服务机制。在科技资源服务方面，成渝地区相关部门依托服务平台，充分利用大型科研仪器设备资源，集聚围绕大型科研仪器开展检验检测、研究开发、技术咨询等服务，打通用户需求与服务对接通道，为区域内交流合作、科

技创新等提供重要支持。

成渝地区是中国西部经济最发达的地区，也是中国重要的城市带之一。2018年发布的《中共中央 国务院关于建立更加有效的区域协调发展新机制的意见》明确要求以成都市、重庆市为中心，引领成渝城市群发展，带动相关板块融合发展。在新的发展要求下，成渝地区不仅要提高城市"单打独斗"的能力，还要通过区域协调发展，实现四川省及重庆市总体实力的提升，在科技基础条件资源建设水平与开放共享利用方面形成新的增长极，并与长三角地区、粤港澳大湾区和京津冀地区三大增长极遥相呼应，成为带动科技基础条件资源建设与科技创新发展的动力源。

第六章

广东省科技基础条件资源发展存在的问题与对策建议

1. 现存问题

中央在粤单位汇聚科技资源的优势发挥不足。广东省调查单位包括高等学校 31 家、科研院所 122 家、企业等其他单位 37 家，调查单位数量规模达 225 家，在全国仅次于北京市。其中广东省拥有中央部属单位 24 家（3 家中央部属高等学校、19 家中央部属科研院所、2 家中央部属企业），在全国少于北京市、上海市、江苏省，中央驻粤单位数量优势不足。广东省大型科研仪器管理单位 190 家，其中 166 家省属单位拥有 8666 台仪器设备，占广东省大型科研仪器总量的 71.1%，平均每家单位拥有仪器设备 52 台（套）。24 家中央部属单位拥有大型科研仪器 3531 台（套），占广东省大型科研仪器的 28.9%，该比重略低于北京市、上海市、江苏省；平均每家单位拥有仪器设备 147 台（套）。

平均每家单位大型科研仪器拥有量较少。从大型科研仪器拥有量来看，广东省纳入调查的 190 家大型科研仪器管理单位共拥有大型科研仪器 12 197 台（套），总原值总计 186.9 亿元，数量和总原值远低于北京。其中，广东省原值在 500 万元及以上的大型科研仪器占全国原值在 500 万元及以上的大型科研仪器的比重达 22.8%，该比重低于北京市和上海市。从平均每家单位的大型科研仪器的数量来看，广东省平均每家单位拥有大型科研仪器 64 台（套），低于上海市（约 170 台/套）、北京市（约 100 台/套）、江苏省（85 台/套）。

大型科研仪器主要集中在医学、化学材料等领域。按照仪器大类划分，广东省大型科研仪器数量排前三的类型是分析仪器（51.39%）、工艺实验设备（8.93%）、医学诊断仪器（5.76%），而全国大型科研仪器数量排前三的类型是分析仪器（53.7%）、物理性能测试仪器（7.4%）、工艺实验设备（7.3%）。广东省平均单台（套）大型科研仪器原值排前三的类型是地球探测仪器（原值 264.01 万元）、天文仪器（原值 248.24 万元）、海洋仪器（原值 205.64 万元），远高于广东省大型科研仪器平均原值（147.09 万元）。按照仪器中类划分，广东省的生化分离分析仪器（20.77%）、质谱仪器（15.36%）和色谱仪器（占 13.65%）在分析仪器中的数量排前三，同时波谱仪器（原值 297.85 万元）、电子光学仪器（原值 207.64 万元）和质谱仪器（原值 205.50 万元）的平均原值在分析仪器中排前三。

科技资源分布不均衡。珠三角地区大型科研仪器有 11 470 台（套）（94.04%），远多于粤东西北地区的 727 台（套）（5.96%），仪器区域分布差异明显。其中，广东省大型科研仪器主要集中在广州市（6892 台/套）和深圳市（3706 台/套），占全省大型科研仪器数量的比重为 86.89%，此外，拥有 100 台（套）以上大型科研仪器的地市还包括东莞（333 台/套）、佛山（207 台/套）、湛江（176 台/套）、珠海（166 台/套）、汕头（161 台/套）、惠州（130 台/套）。除大气探测仪器之外，广州市和深圳市各类型的仪器的数量均位列前两名。河源市拥有的电子测量仪器的数量最多，为 14 台（套）。从分析仪器中类在各地市的分布来看，广州市、深圳市数量最多的仪器为质谱仪器，仪器数量分别为 366 台（套）和 116 台（套）。

大型科研仪器的使用以管理单位自用为主，不能很好地促进产学研合作与知识分享。除待处置的、闲置的大型科研仪器外，广东省可用的 11 220 台（套）大型科研仪器中，可对外提供共享服务的大型科研仪器有 8995 台（套），60.57% 的仪器未实现开放共享，32.63% 的仪器年平均对外服务机时低于 1000 小时；不能对外提供共享服务的 2225 台（套）大型科研仪器的总原值为 371 405.51 万元，其原因包括特殊管理规定不可对外共享、不具备独立功能、处于调试状态等。

部分生物种质资源库开放共享比例较低，且专职实验技术人员占比较低。广东省生物种质与实验材料资源种类为 16.2 万种，保藏资源总量为 975 万份，资源总量丰富。但总体来看，生物种质与实验材料资源对外共享水平较低。2020 年度，广东省对外共享的生物种类与实验材料资源总量为 249.3 万份，占本省资源总量的 25.6%，资源共享比例偏低，而海南省、河南省有近六成的生物种质与实验材料资源参与开放共享。此外，生物种质资源库中专职实验技术人员占科技活动固定人员总数的比重较低。广东省生物种类与实验材料保藏机构中专职实验技术人员占比仅为 29.1%。

2. 对策建议

强化战略科技力量布局，争取更多科技资源优势单位在粤建设。广东省应不断强化战略科技力量布局，扩大调查范围，将下述单位逐步纳入广东省科技资源调查和共享范围：北京师范大学珠海校区、清华大学深圳国际研究生院、北京大学深圳研究生院等中央部属高校，以及通过合作办学建成的香港中文大学（深圳）、香港科技大学（广州）。

加大对科技研发的支持力度，努力提高广东省科技创新能力。一是通过实施财政补贴、税收优惠等政策鼓励企业、高等学校、科研院所等各类单位购买大型科研仪器；二是增加对科研仪器的资金投入，鼓励企业、高校、科研院所等各类单位加大自主研发投入，提高科研仪器的研发和创新水平；三是鼓励各类单位加强协作共享，通过联合购买、联合建设、联合使用等方式，提高大型科研仪器的利用效率。

坚持"四个面向"，拓展研究广度和深度。坚持面向世界科技前沿、面向经济主战场、面向国家重大需求、面向人民生命健康，不断向科学技术广度和深度进军。除医学、化学、材料等领域外，还应深入开展其他领域的精密仪器研究。深入对接广东省二十大战略性产业集群与未来产业集群，大力加强科研仪器自主研制，前瞻布局大型科研基础设施，为实现高水平科技自立自强，建设世界科技强国提供有力支撑。

建立全省区域科技资源协调机制。一是支持珠三角地区单位在粤东西北地区建立公共实验室；二是建立地市大型科研仪器共享平台，打造相邻地市大型科研仪器开放共享生态圈，发挥地市协同作用，促进科技人才和科研设备共用共享。

加快推进广东省重大科技基础设施和大型科研仪器面向社会开放共享。一是不断完善相关激励政策，鼓励科技资源拥有者开放共享行为，保障"谁开放、谁受益"，加大对科技中介服务机构的培育扶持，实现"谁服务、谁受益"。支持科技资源需求者积极使用科技资源，做到"谁使用、谁受益"。加强特色专业领域与服务应用行业科技资源建设，积极引导科技资源向园区、企业集聚。二是建立科研设施与仪器开放共享管理机制，对新建新购的大型科研仪器开展查重评议，从源头上提高科技资源利用率与共享率。通过科技资源共享情况评价，对仪器闲置和资源浪费严重、开放效果差的单位通报批评、督促整改。三是健全科研设施与仪器开放共享服务体系，强化法人主体责任，加强人才队伍建设，支持实验技术人员在管理单位间的合理流动；鼓励科研设施与仪器相对集中的管理单位通过建设仪器中心、分析测试中心等方式实现集中管理；探索所有权和经营权分离机制，建立以授权为基础、市场化方式运营为核心的科研设施与仪器开放共享机制，推动共享保险制度的落实。

搭建生物种质资源信息共享服务平台，促进资源共享，建立相对稳定的专职实验技术人员队伍。一是整合全省农业科研单位已有的国家级和省级生物种质资源库（圃）等资源，加强资源收集保护与鉴定利用。应充分运用信息技术、网络技术，对全省种质资源进行战略重组和系统优化。例如构建广东生物种质资源信息共享服务平台，并对接广东省科技资源共享服务平台（粤科汇）。二是加大种质资源研究经费支持力度，建立覆盖科研攻关、硬件设备维护升级、软件设备维护开发等的全方位的激励体系。三是建立一批具有生物种质资源鉴定、分子育种能力的高水平团队，鼓励科研机构与企业合作开展生物种质资源收集、保存、繁种、鉴定评价、共享等工作。

加强粤港澳大湾区科技基础条件资源共享。建议梳理和推介可向港澳开放的科研设施与仪器清单，并向香港、澳门征集需求。通过组织粤港澳专题对接活动等方式向港澳有序开放科研设施与仪器，并逐步吸引港澳技术团队及仪器设施加入省级服务平台；根据粤港澳产业经济与资源分布的特点，在具备优势的电子信息、装备制造、生物医药等领域培育2～3家市场化服务子平台；利用省实验室、粤港澳联合实验室、粤港澳创新创业基地等设立服务工作站，搭建粤港澳共享服务网络，促进粤港澳交流合作。同时加强粤港澳大湾区与京津冀、长三角、成渝等地区协同发展，在科技资源建设方面取长补短，促进科技资源利用率的提高，深化区域间合作。

3. 发展设想

广东省科技基础条件平台"布局不尽合理、队伍不够稳定、开放不太充分、保障不够有力"等实际困难和问题依然存在，接下来，须理清发展思路、加强统筹规划、加大资源投入，实现科技基础条件平台与资源高质量发展，主要设想如下。

强化使命驱动。聚焦国家重大需求，发挥科技基础条件平台引领驱动作用，集中优势科技创新资源，解决重大科学问题，突破关键核心技术，为实施创新驱动发展战略搭建和提供重要基础和保障。

突出能力建设。加大创新资源投入，不断完善科技基础设施，切实改善科研保障条件，积极承担重大科研任务，建设高素质的专业人才队伍，提升科技基础条件平台创新能力。

实施分类指导。根据各类科技基础条件平台目标任务和发展定位，在规划布局、资源配置、建设运行等方面实施精准服务、分类指导。建立以目标任务为引领的考核评估和动态调整机制，促进各类平台健康有序发展。

扩大开放共享。按照不同类型科技基础条件资源的特点和发展规律，采取灵活多样的整合方式和共享模式，实现科技基础条件资源高效利用，加强科技基础条件资源整合与共享。

确保稳定支持。加大各级财政资金投入力度，鼓励企业通过提供资金、场地、设备等方式深度参与平台建设；推动依托单位在人力、财力、物力等方面给予平台长期稳定的支持，并提供必需的保障条件。